繁盛名店

人氣壽司・特色壽司
精緻祕技

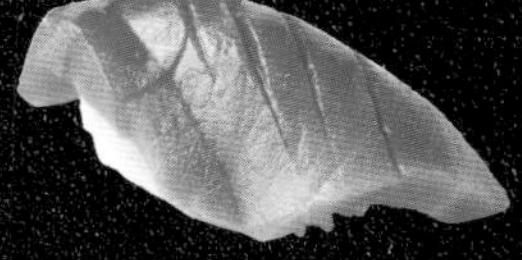

瑞昇文化

繁盛名店

人氣壽司・特色壽司

精緻祕技

【傳統與進化】

名店・生意興隆店的握壽司

傳統與進化

名店・生意興隆店的握壽司

- 紅肉魚握壽司
- 白肉魚握壽司
- 銀皮魚握壽司
- 烏賊・章魚握壽司
- 蝦・蟹握壽司
- 海膽・鮭魚卵・鮮味握壽司
- 星鰻握壽司
- 玉子燒壽司
- 貝類握壽司
- 其他握壽司

紅肉魚握壽司

紅肉魚因為具有醒目的色澤與風味而擁有不少人氣。尤其鮪魚更是江戶前壽司最不可或缺的魚料，其不同部位也都各具人氣。除了鮪魚之外，還有鰹魚、鮭魚等紅肉魚，作法上也有醬漬、炙燒與添加不同調味佐料來增添變化，讓美味無限擴大。

黑鮪魚瘦肉

つきじ鈴富 GINZA SIX店

東京・銀座

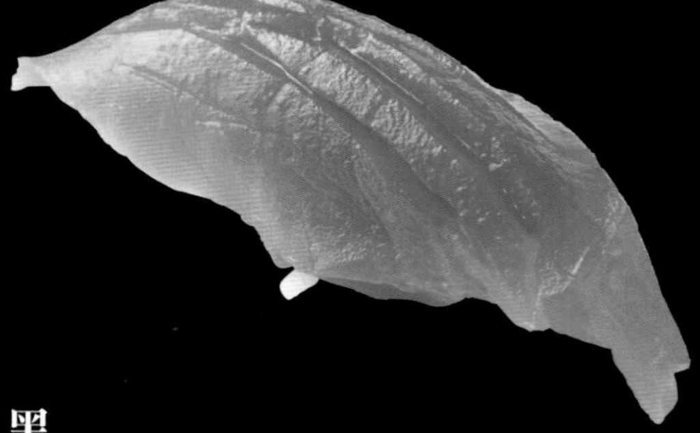

嚴格選用生鮮黑鮪魚[1]。採訪當下選用青森・大間以延繩釣法捕獲且重達100kg的黑鮪魚。由於東京銀座屬於顧客年齡層偏高的地區，所以會應需求在生魚片上劃上更易於食用的刀痕再做成握壽司，最後刷上煮切醬油[2]。

黑鮪魚瘦肉

鮨処 ともしげ

宮城・仙台市

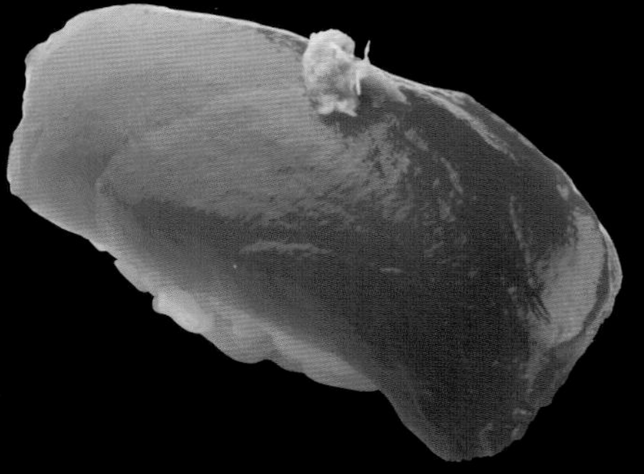

做好以後在上面點綴上山葵泥供應的鮪魚瘦肉握壽司。鮮紅魚肉與山葵泥的嫩綠形成鮮明對比，讓鮪魚握壽司看上去顯清新可口。同時也烘托出了現磨山葵泥的香氣。此處使用來自近海的生鮮黑鮪魚。攝市下為北海道噴火灣海域的黑鮪魚。

鮪魚 瘦肉

鮨 いしばし

大阪・茨木市

熟成數日至兩週再做使用。採用平切法切成生魚片後，放到煮切醬油裡浸泡約5分鐘，製作成握壽司。在以白肉魚為首道料理的主廚精選套餐中，繼白肉魚之後供應鮪魚瘦肉、鮪魚中腹肉、鮪魚上腹肉，以此提高顧客用餐興致。

黑鮪魚 中腹肉 上腹肉

鮨 いしばし

大阪・茨木市

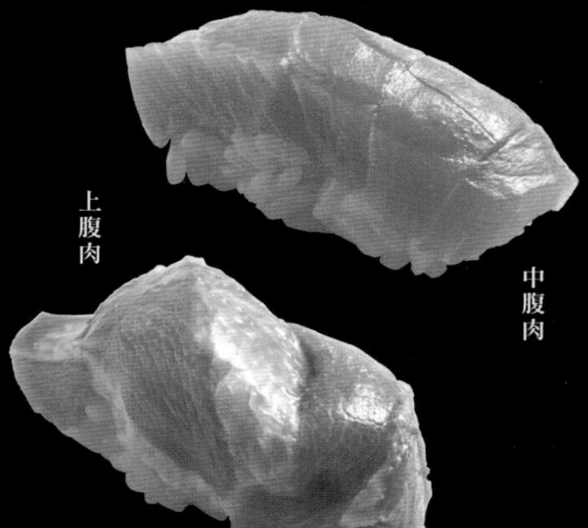

大多選用日本近海或波士頓產的天然黑鮪魚（採訪當下為宮城縣鹽竈市產）。選用腹部上佳或次佳的部位。分切好的大塊魚肉會用冰塊包夾，放到冰溫保鮮室裡熟成數日至兩週的時間再做使用。

鮪魚中腹肉

鮨 島本

兵庫・神戸市

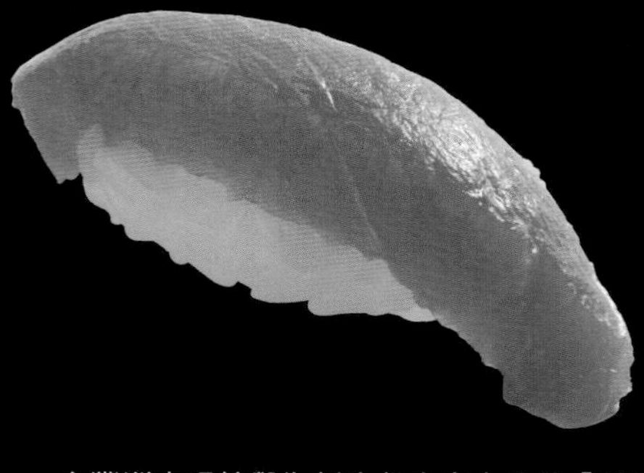

自豐洲市場被譽為新生代未來之星的「結乃花」鮪魚業者手中進貨。基本上為宮城縣鹽竈市、青森縣大間的日產鮪魚，熟成數日至一週後使用。為了帶出鮪魚本身的香氣，切好以後會靜置片刻讓溫度上升些許再製成握壽司。

1 生鮮黑鮪魚：未經冷凍過的新鮮黑鮪魚。
2 煮切醬油：煮切り醤油。以醬油、酒、味醂等調製而成的醬油。一般作法是將酒與味醂的酒精煮到揮發，再加入醬油等調味料調合而成。

黑鮪魚瘦肉
紋ずし
東京・祐天寺

鮪魚是該店的一大賣點，當天販售的鮪魚會作為「今日鮪魚」，附上貼了產地證明標籤的告示單做宣傳。採訪當下為北海道戶井產的黑鮪魚。也會使用青森大間與宮城鹽釜的鮪魚。清爽的鮪魚瘦肉相當受歡迎，也包含在「絕品魚料10貫」之中。

鮪魚 瘦肉
すし崇
長野・長野市

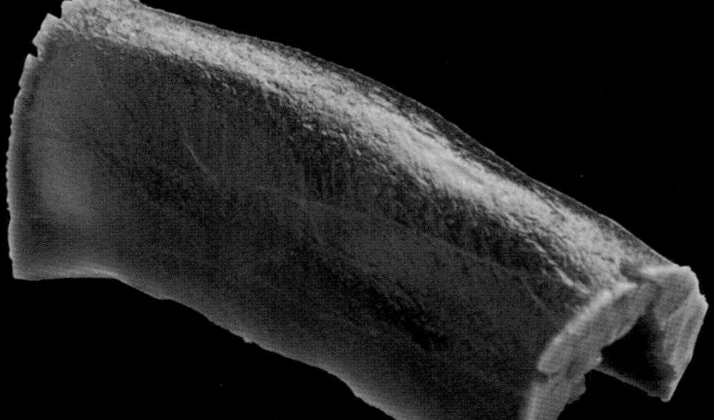

久保店主曾在東京淺草名店「すし游」修業。習得該店熟成技術自立門戶以後，同樣積極地致力於「熟成壽司」。照片中的鮪魚瘦肉即是先讓鮪魚肉熟成一週，接著再放入醬油之中浸漬兩週，一共熟成三週的成品。藉由熟成的方式凝縮了瘦肉獨有的甘甜美味。

鮪魚 上腹肉
すし崇
長野・長野市

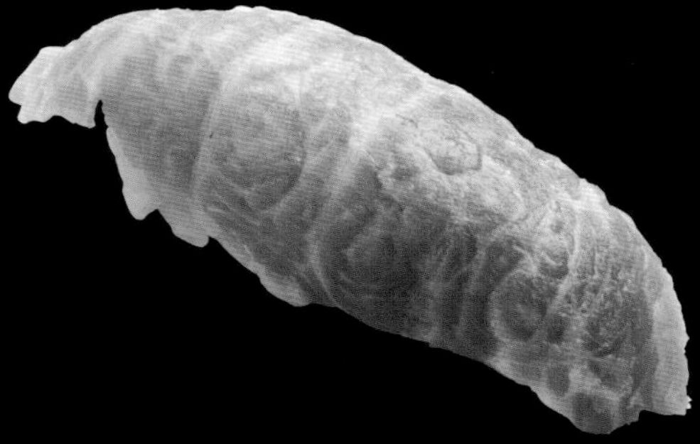

鮪魚上腹肉使用的是北海道戶井產的鮪魚。上腹肉不浸漬醬油進行熟成。藉由熟成帶出魚筋部分的鮮甜，以此品嚐到濃縮於其中的美味。會在供應時撒上鹽巴，用鹽味帶出鮪魚上腹肉的鮮美與甘甜。

鮪魚 中腹肉
すし崇
長野・長野市

瘦肉及中腹肉皆使用來自大間的鮪魚。中腹肉會放到信州味噌的「味噌溜[3]」裡浸漬熟成。使用濃縮了味噌精華的味噌溜醃漬熟成的中腹肉相當可口美味，帶著一股芳醇起司的香氣。

醬漬鮪魚
代官山 鮨 たけうち
東京・代官山

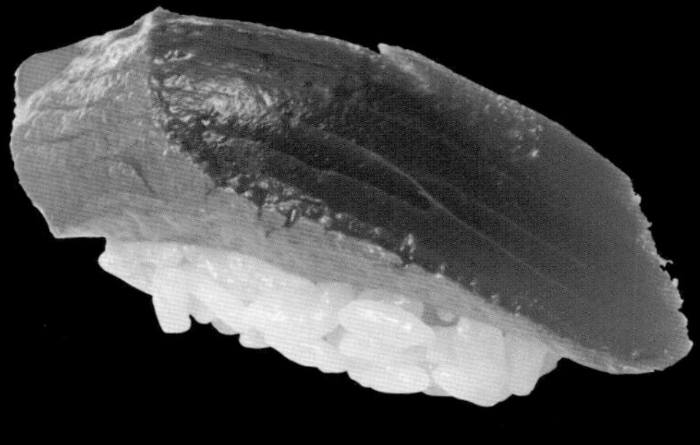

採訪當下使用的是青森縣大間產黑鮪魚。進貨以後靜置兩週帶出魚肉的鮮甜。放到用醬油、鰹魚高湯、味醂調配出來的高湯醬油裡面浸漬1小時再做供應。

醬漬鮪魚瘦肉
つきじ鈴富 GINZA SIX店
東京・銀座

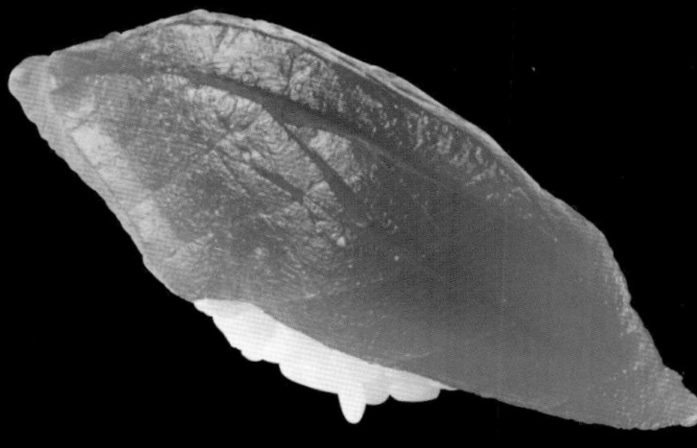

劃上格子狀刀痕的魚料放到以濃口醬油、酒、味醂、鰹魚柴魚片煮滾過的醃漬液裡，浸泡2～3分鐘。由於醃漬的步驟能讓魚肉吃起來更加鮮甜，所以在捏製時在飯與魚料之間添加香橙皮屑，讓壽司吃起來更加清爽的同時更添風味。

3 味噌溜：味噌たまり。釀造味噌時產生的液體，因數量稀少而較為珍貴。

味噌醬漬鮪魚

御鮨処 田口

神奈川・川崎市

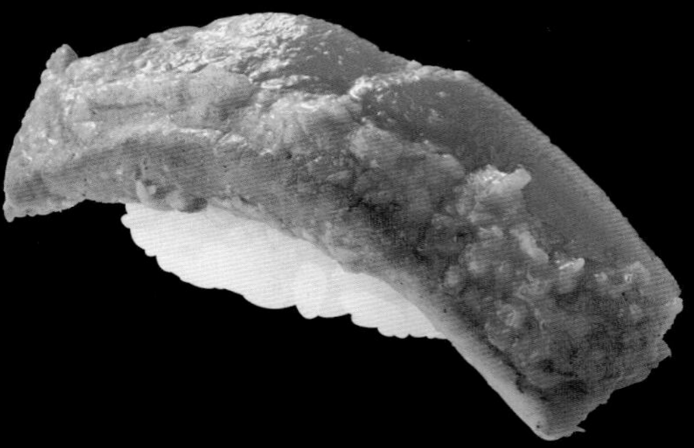

使用紀州產黑鮪魚瘦肉。切成20cm的長條塊狀放入調合味噌裡浸漬一晚。切成片狀以後沾裹味噌，炙燒到味噌略為上色。供應前刮除部分味噌露出鮪魚瘦肉。

鮪魚中腹肉

つきじ鈴富 GINZA SIX店

東京・銀座

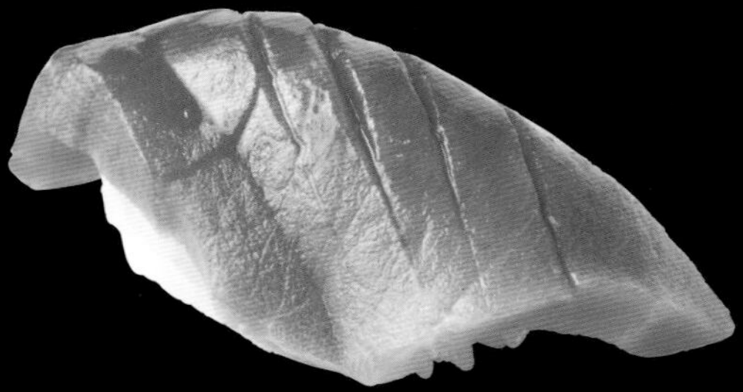

由於劃在魚料上的刀痕深度要依據魚肉切片的厚度而變動，所以要微調整刀痕深度讓魚肉更好咀嚼的同時割斷筋膜。鮪魚肉使用的是生鮮黑鮪魚。採訪當下為大間產，但春季也會使用串本、島根、壹岐等地的鮪魚。

醬漬鮪魚

都寿司本店

東京・日本橋蠣殼町

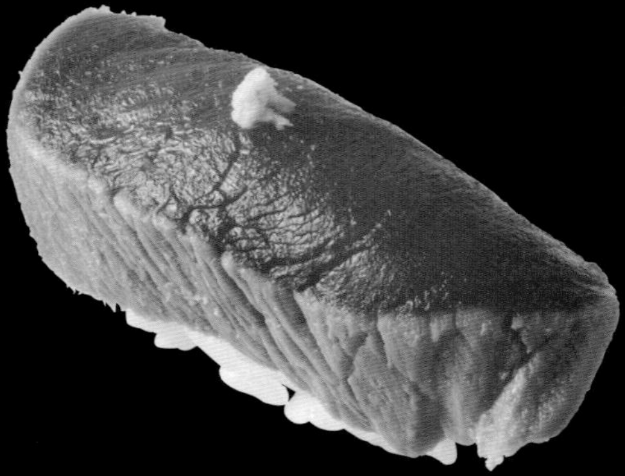

選用鮪魚肉中無筋而軟嫩的瘦肉部位進行醃漬處理。將切成長條塊狀的鮪魚肉放到醬油、味醂與酒混合在一起煮滾揮發掉酒精的煮切醬油裡浸泡8小時。除了以山葵泥提味之外，也會以薑泥作為提味佐料。

御鮨処 田口

神奈川・川崎市

使用紀州產黑鮪魚瘦肉。切好的魚料放入淡口醬油、吟釀酒與芝麻碎調製出來的煮切醬油裡醃漬30分鐘。並在供應之際撒上芝麻碎，以此突顯芝麻的風味。

キヨ

福岡・福岡市

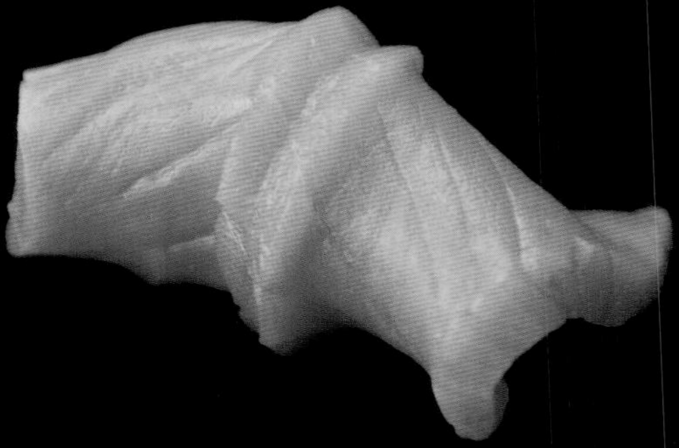

基本使用生鮮黑鮪魚肉。煮切醬油裡不單單只有普遍會使用的濃口醬油與煮滾揮發掉酒精的味醂，還添加了溜醬油（熟成濃醬油）增添甘醇風味。還會少量添加淡口醬油來提味。與富含脂肪的鮪魚肉非常對味。

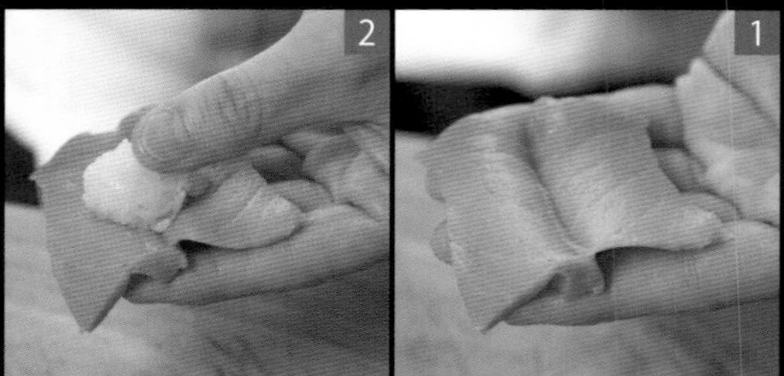

在切成厚片的鮪魚肉上中間劃入一刀把肉割開。將醋飯擺到割開處，切口縱向對折捏製成型。

本マグロ中トロ

弘寿司

宮城・仙台市

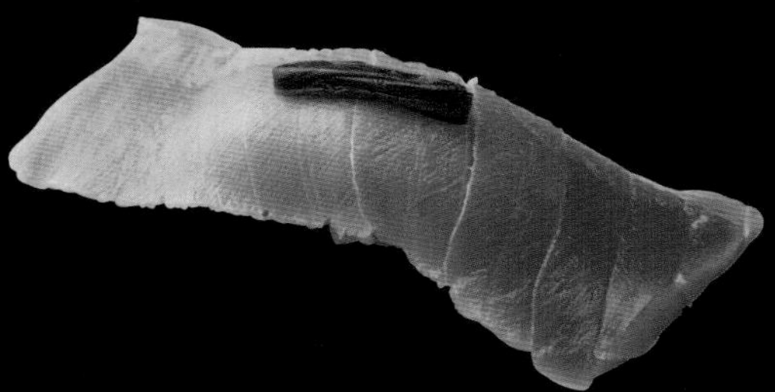

將春季採摘並以高湯醬油醃漬的行者大蒜[4]作為黑鮪魚中腹肉的調味佐料使用。比大蒜更溫和的香氣與風味能帶出鮪魚脂肪的甘甜。壽司飯僅以醋與鹽巴調味，以此讓脂肪的甜味更顯突出。

黑鮪魚上腹肉

博多たつみ寿司 総本店

福岡・中洲川端

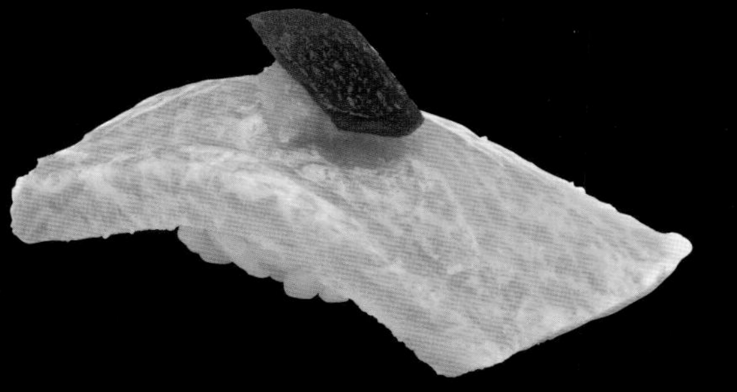

使用黑鮪魚。搭配醬油漬大蒜與蘿蔔泥。是料理長享用牛排時想出來的菜單，刺激性十足的重口味為其特色。

炙燒黑鮪魚

博多たつみ寿司 総本店

福岡・中洲川端

使用黑鮪魚。放到幾近燒紅的烤網上面略作炙烤，烙印上明顯的烤痕。點綴上混入柑橘醋的蘿蔔泥，再撒上一味辣椒粉，在享用黑鮪魚脂肪濃郁風味的同時還能讓味道更顯清爽。

黑鮪魚上腹肉

つきじ鈴富 GINZA SIX店

東京・銀座

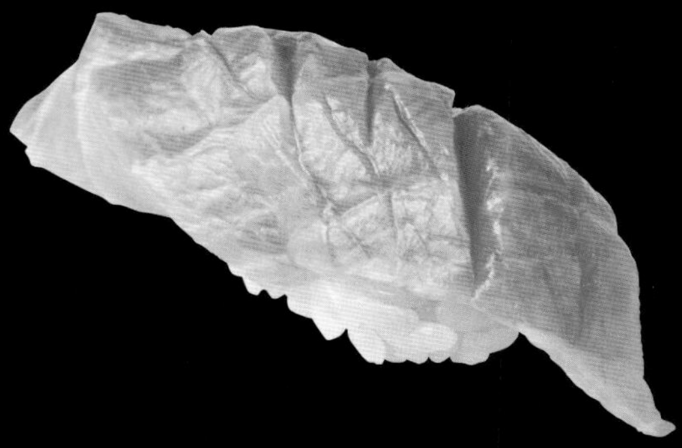

選用生鮮黑鮪魚。基本使用上身的上腹筋肉。由於上腹肉富含脂肪不易吸附醬油，所以在上面劃上格子狀刀痕，讓煮切醬油更容易沾附上去。使用的是以濃口醬油、酒、味醂、鰹魚柴魚片煮滾冷卻後的煮切醬油。

炙燒鮪魚上腹肉

つきじ鈴富 GINZA SIX店

東京・銀座

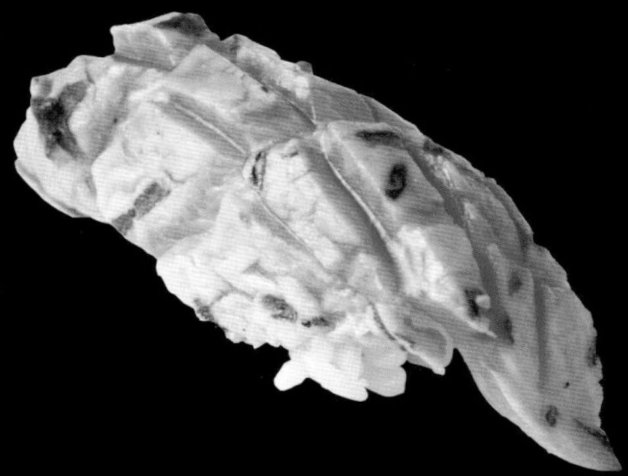

炙燒表面增加香氣的同時，也能適度逼出一些油脂，製作成更易於年長顧客享用的口味。在表面劃上格子狀刀痕來割斷魚筋。對於調味醋跟米飯也同樣十分講究，用銅製釜鍋一口氣炊煮製作出壽司飯，活用米飯的Q彈口感。

黑鮪魚上腹肉

鮨処 有馬

北海道・札幌市

採訪當下為函館・戸井產的黑鮪魚。選用津輕海峽全年都能捕撈到的黑鮪魚。店內主要提供黑鮪魚上腹與中腹肉。在表面劃上細密的網格狀刀痕，營造出與醋飯之間的一體感及入口即化的口感。

4 行者大蒜：行者にんにく。一種葉片深綠色扁平，菜莖紫紅帶白的春季山菜。以葉片切口帶有濃厚蒜味而聞名。食用方式與韭菜、蔥雷同。

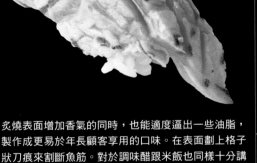

松葉蟹與黑鮪魚中腹邊角肉千層握壽司

鮨 かの

東京・一之江

採訪當下使用大間產黑鮪魚。壽司飯與松葉蟹碎肉一起捏製成型，用湯匙舀起鮪魚邊角肉盛放到壽司上面，在最上面點綴上山葵泥。這道壽司的特色在於親手捏製以後透過吧檯直接供應給顧客。有著入口即化的美味。

特製醃黃蘿蔔鮪魚泥

鮨 ふるかわ 麻布霞町

東京・六本木

大約在35年前從蔬菜壽司裡獲得靈感而構思出來的壽司。為避免鮪魚上腹肉脂肪氧化，不事先做好備用，而是在顧客點餐之後再用菜刀剁碎鮪魚肉，以此充分享用鮪魚上腹肉脂肪的鮮甜美味。醃黃蘿蔔（沢庵）使用的是水分含量較少的宮崎縣產壺漬醃黃蘿蔔。點綴上蛋白霜與紅醋漬魚子醬。

中腹鮪魚肉 拌香蔥蛋黃

紋ずし

東京・祐天寺

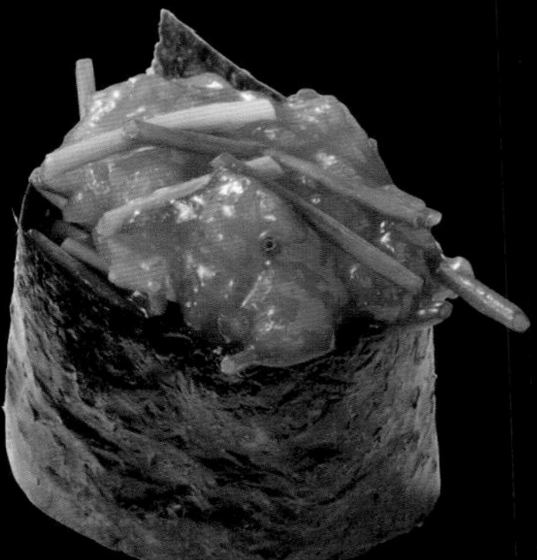

在鮪魚邊角肉中拌入蛋黃、醬油，搭配細蔥製作成軍艦壽司。不少顧客會點來作為下酒菜來享用。搭配壽司飲用的日本酒委請熟識的酒鋪代為嚴格挑選，備有十種以上酒款。

韮鮪

独楽寿司

東京・八王子市

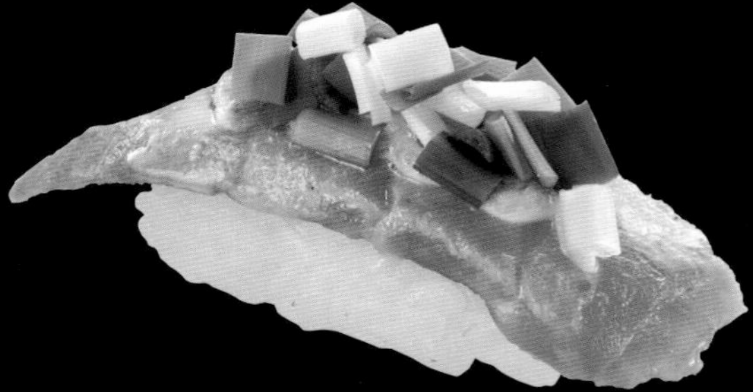

用包容力十足的鮪魚瘦肉搭配味道強烈的韭菜、日式美乃滋[5]與大蒜，各具特色的味道會隨著咀嚼在口中調合成鮮甜美味。商品名稱取自韭菜與鮪魚的文字組合。

※現未販售。

炙燒鮪魚上腹肉 佐辣蘿蔔泥

独楽寿司

東京・八王子市

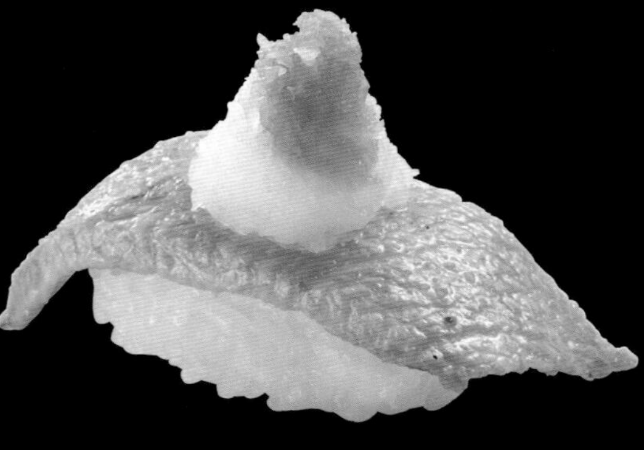

能充分享用到該店特色料理，來自亞得里亞海的克羅埃西亞產養殖黑鮪魚上腹肉的壽司。點綴上水分較少且風味較強烈的辣味蘿蔔泥，更加烘托出鮪魚上腹肉本身的風味。

※現未販售。

5 日式美乃滋：日式美乃滋不同於台式美乃滋，屬於口味偏鹹酸的沙拉醬。

醬漬旗魚

紋ずし

東京・祐天寺

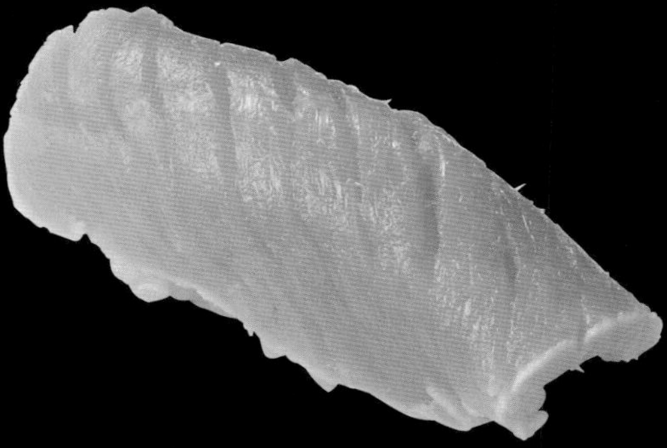

條紋四鰭旗魚是過去江戶前壽司必不可少的一款壽司，雖然近來變得較為罕見，但卻有著肉質柔嫩而風味清雅的特色。該店會用添加鰹魚高湯底的調味醬油醃漬，除了做成握壽司之外，也會以生魚片的形式供應。採訪當下為茨城縣產。

鰹魚

江戸前・創作 さかえ寿司

千葉・稻毛海岸

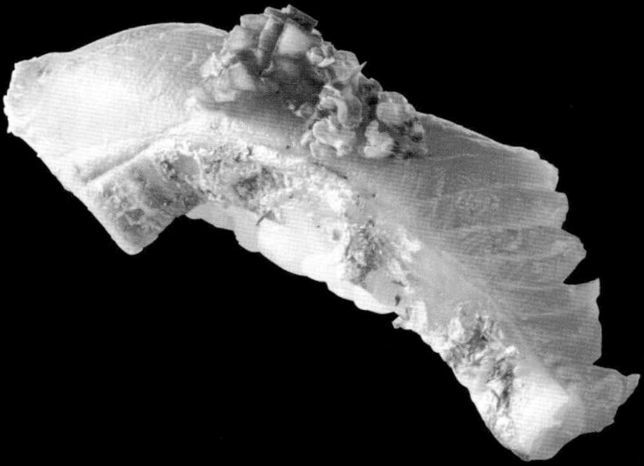

採訪當下為宮城縣氣仙沼產鰹魚。在最上方擺上用醬油醃漬好的行者大蒜再做供應。選用帶有香氣的北海道產行者大蒜，連同大蒜一起用北海道產生醬油醃漬約半年。壽司飯則是以米醋與砂糖製作而成。

白皮旗魚

すし崇

長野・長野市

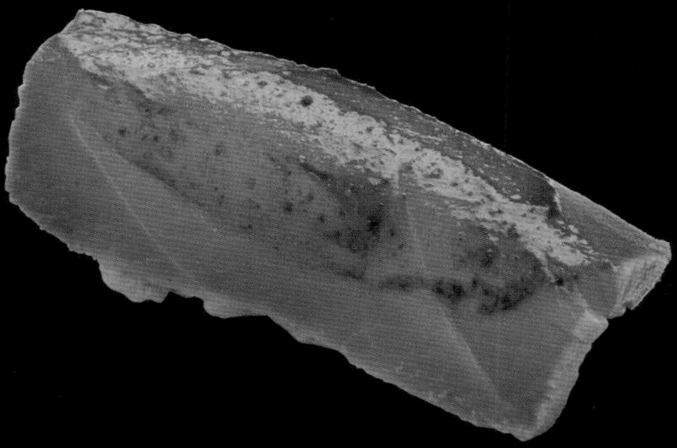

神奈川縣長井產的白皮旗魚（黑槍魚）會放到「核桃醬油」裡浸漬熟成。採訪當下為熟成一個月的旗魚肉。使用核桃醬油不僅能增添堅果香氣，和紅醋壽司飯也十分對味。煮切醬油同樣也使用了核桃醬油。長野縣為核桃產地，核桃醬油亦是產自當地。

帝王鮭

鮨処 有馬

北海道・札幌市

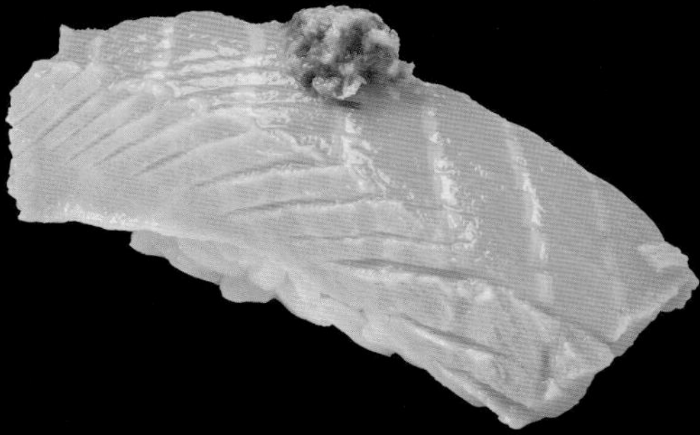

使用北海道根室產天然帝王鮭。切成長條塊狀後用醬油略作醃漬。斜向劃入刀痕讓鮭魚更易於食用。在最上方擺放上作為調味佐料的芽蔥與生薑末，起到緩解鮭魚脂肪油分的提味作用。

鰹魚

都寿司本店

東京・日本橋蠣殼町

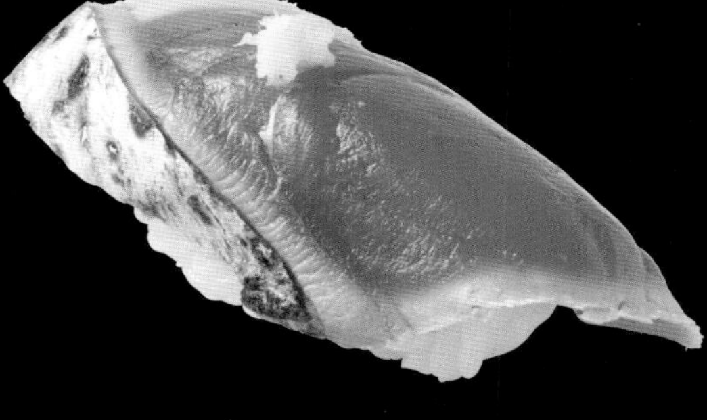

使用富含脂肪的回鰹[6]製作成半敲燒壽司。透過炙燒的手法增添香氣，讓鰹魚特有的血腥氣變得更易於入口食用。在最上方點綴上與鰹魚最對味的薑泥。

6 回鰹：每年春末夏初北上的鰹魚為「初鰹」，「回鰹」則是秋天南下的鰹魚，肉質肥美。

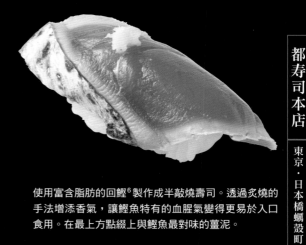

香橙蘿蔔泥漬鮭魚

御鮨処 田口

神奈川・川崎市

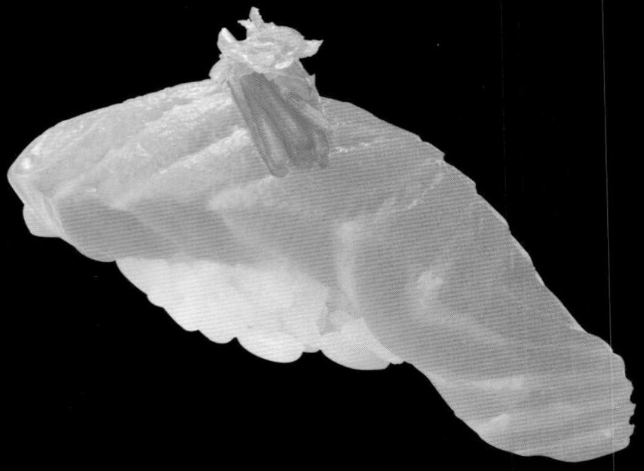

將切好的加拿大產帝王鮭魚片，放到添加了香橙皮屑的醃漬用醬油裡醃漬10分鐘。擺放上汆燙過的山芹菜與香橙皮絲，略作一番工夫讓鮭魚吃起來更顯爽口。

琴酒萊姆鮭魚

独楽寿司

東京・八王子市

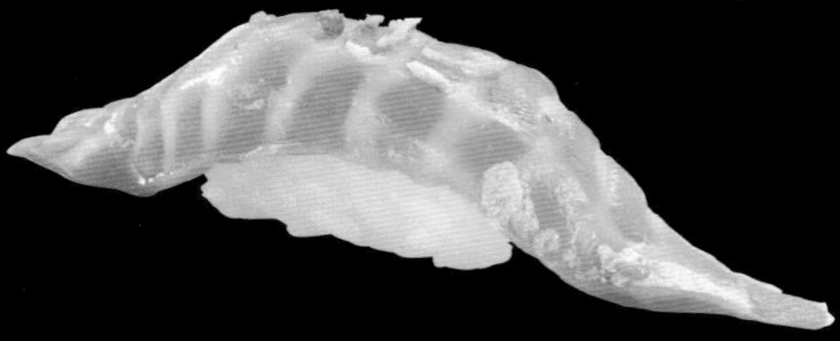

將想要提供一款在壽司中活用琴酒深度酒香的想法化為現實的握壽司。把挪威產大西洋鮭放到琴酒與煮切醬油混合而成的醃漬醬裡醃泡。再以萊姆的酸味做提味。

※現未販售。

鮭魚

江戸前・創作 さかえ寿司

千葉・稻毛海岸

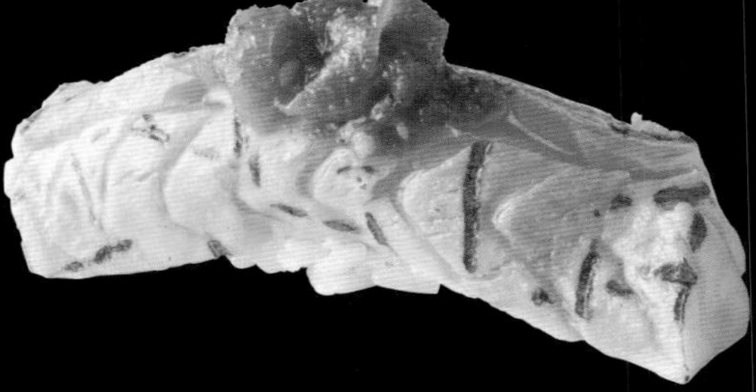

使用挪威產鮭魚。用烤網略為炙烤鮭魚表面大致烙上烤痕。點綴上用洋蔥與蝦乾等食材製作而成的自製辣油。是一款針對外國人開發出來的甜辣風味握壽司。

香草鮭魚

独楽寿司

東京・八王子市

鮭魚撒上鹽巴炙烤以後，點綴上乾番茄泥與蒔蘿，撒上杏仁碎，製作成類似義式水煮魚（Acqua pazza）的西洋風壽司。是一道為了創作出能享用到蒔蘿風味的壽司而挑選食材製作出來的菜品。

※現未販售。

香芹鮭魚

独楽寿司

東京・八王子市

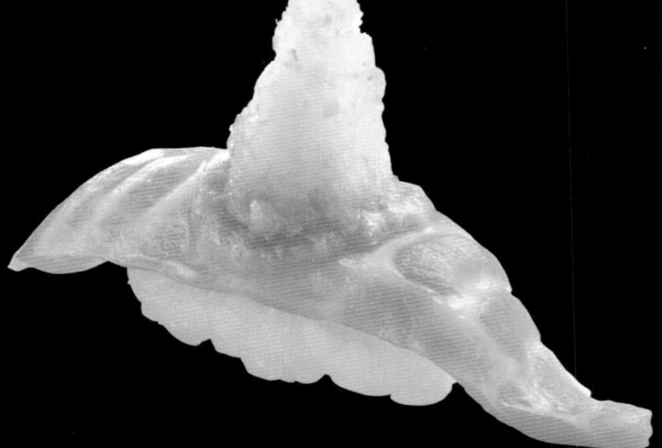

想要讓顧客嚐到一早現採芹菜的濃烈香氣而開發出來的菜品。經過無數食材組合搭配嘗試才找出富含脂肪的挪威產大西洋鮭與芹菜泥的對味組合。以熱沾醬（Bagna càuda）做提味。

※現未販售。

鱒魚

弘寿司

宮城・仙台市

從盛放的容器上面就煞費一番苦心是該店的魅力之一。其中尤以這道經昆布漬處理的鱒魚壽司最是令人印象深刻。搭配洋蔥、白蘿蔔與柳橙完成「政宗風」的擺盤。備有數種壽司分類做使用。鱒魚會搭配在白醋裡添加酢橘等柑橘汁的壽司飯。

斑點月魚 瘦肉 魚腹肉

弘寿司

宮城・仙台市

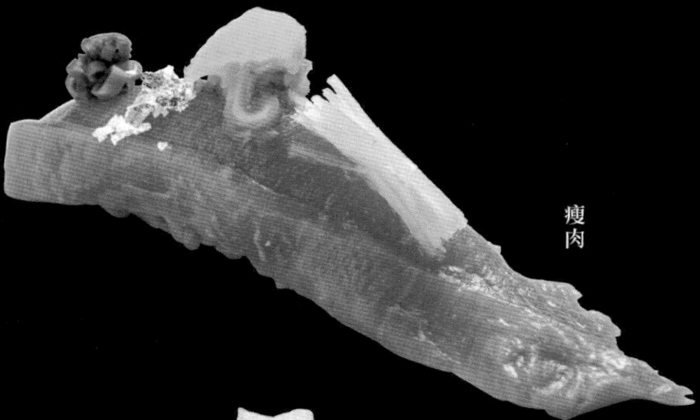

瘦肉

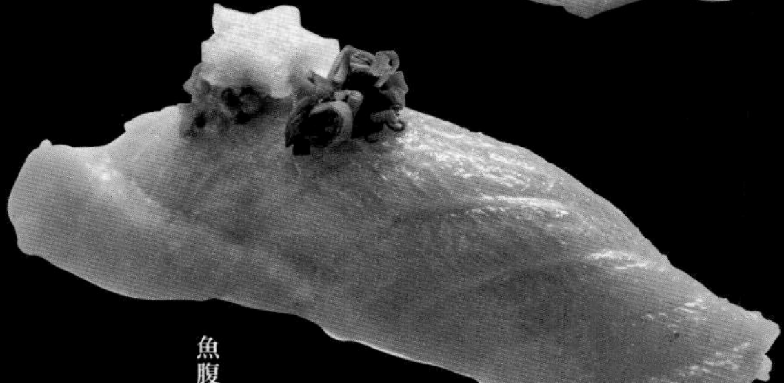

魚腹肉

風味與鮪魚相似的斑點月魚握壽司。瘦肉上面擺上蘋果絲、秋葵、細香蔥、銀箔等食材讓色彩更顯豐富。魚腹肉則是一條魚僅能取得少許的稀有部位，特色在於有著富含脂肪的濃郁風味，偏白的魚肉色澤也明顯不同於瘦肉。

鮭鯊心臟

弘寿司

宮城・仙台市

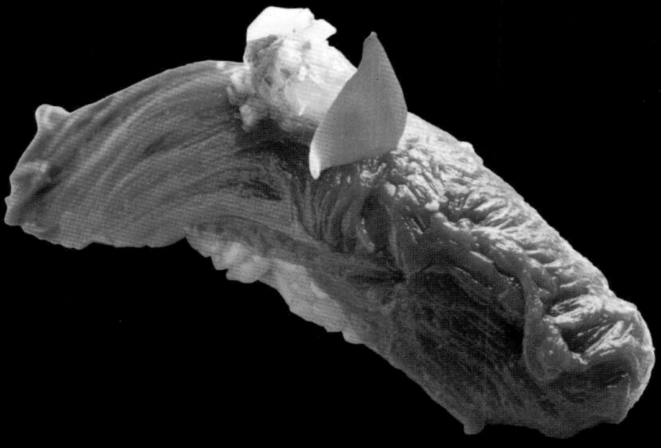

使用宮城縣氣仙沼捕撈到的鮭鯊心臟。鮮紅的外表與毫無特殊味道的軟嫩肉質所產生的反差，令不少顧客都為之一驚。擺放上用剁碎的淺漬黃瓜、鷹爪辣椒與薑泥製成的寒天凍作為調味佐料。

白肉魚握壽司

白肉魚的種類繁多，從鯛魚到比目魚、鰈魚、黃尾鰤、鯖魚、鰤魚、紅魽……還有紅喉、東洋鱸、河魨等高級魚類。因口味清淡且風味清雅而十分受到歡迎。甚至有不少店家會藉由昆布漬以及搭配其他魚料的組合來提高壽司的魅力。

鯛魚

すし崇

長野・長野市

兵庫縣明石產的鯛魚。該店進貨的批發商出貨前都會先用機器檢驗是否含有脂肪。使用「吃到脂肪的鮮甜美味還能享用到強烈鮮香氣味」的高品質鯛魚。用來製作白肉魚壽司時，至少會靜置兩天再做使用（採訪當下的鯛魚為四天）。

鯛魚

博多たつみ寿司 総本店

福岡・中洲川端

鯛魚是店內相當高人氣的壽司。會依據季節更迭改變搭配的配料，如香橙皮屑或海葡萄等，讓顧客樂在其中。採訪當下搭配的是鯷魚及山葵菜。加入和風與西洋風元素，為壽司提供新的味覺提案。

真鯛佐烏魚子

独楽寿司

東京・八王子市

為了最大限度展現烏魚子的風味而搭配雖是白肉魚但極具鮮味的鯛魚。佐附上酢橘的清爽讓烏魚子的鹹味變得圓潤，也進一步帶出烏魚子的風味。

※現未販售。

赤鯮

すし崇

長野・長野市

將兵庫縣津居山產的赤鯮放到蛋黃鬆裡醃漬後切成壽司魚料。採訪當下為熟成兩週的生魚肉。赤鯮肉會用熱水燙過魚皮，貼上昆布的狀態下放到蛋黃鬆裡醃漬，進一步提升魚肉的口感與風味。

條斑星鰈（松皮鰈）

鮨 島本

兵庫・神戶市

被譽為鰈魚之王的高級魚，採訪當下為北海道產。浸泡到海水鹽度的水裡靜置過後再做切片。以獨家熟成醋製作而成的壽司飯風味溫潤，不論搭配何種魚料都很對味。

比目魚

代官山 鮨 たけうち

東京・代官山

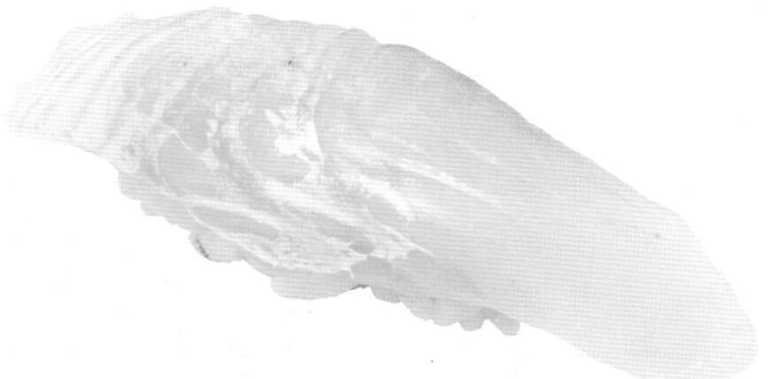

將切成長條塊狀，撒上鹽巴讓魚肉緊實的比目魚放到冷藏室裡靜置三天，濃縮魚肉中的鮮味。完成前撒上一小把「松露鹽」，增添少許風味與香氣上的變化。

比目魚

江戸前・創作 さかえ寿司

千葉・稻毛海岸

兩款比目魚握壽司。採訪當下為千葉縣外房大原產比目魚。上為中間夾入紫蘇葉的比目魚握壽司，點綴上比目魚的肝臟，以及添加了吉野葛的柑橘醋凍在做供應。下為捏製前先浸過煮切醬油的比目魚握壽司。受島壽司[7]啟發而點綴上和風黃芥末。和風黃芥末調製得稍稀一點。

昆布漬比目魚

鮨処 有馬

北海道・札幌市

採訪當下為北海道積丹產。使用重量達1.5kg的比目魚。魚肉和鰭邊肉用昆布醃漬幾個小時，將鰭邊肉點綴到捏製好的比目魚握壽司上面。選用本身鮮味不會過於突出又能帶出比目魚風味的日高昆布。

生胡椒比目魚

独楽寿司

東京・八王子市

受瓶裝生胡椒顆粒的香氣觸發而構思出來的創作壽司。就過去經驗發現生胡椒與白肉魚十分對味，經過與多種食材的組合嘗試，才找到了更能帶出胡椒香氣的比目魚。

※現未販售。

比目魚起司飯

御鮨処 田口

神奈川・川崎市

在比目魚肉上面撒上混入現磨起司的麵包粉，用大火雙面煎烤1分鐘，調整火候至恰到好處的一分熟狀態。壽司飯上混入米莫萊特起司。擺放上切碎的櫻桃蘿蔔，將壽司點綴成較受女性歡迎的配色。

7 島壽司：伊豆群島中的八丈島及鄰近島嶼的鄉土壽司。以偏甜的壽司飯搭配醬油醃漬的薄切魚料捏製而成的握壽司。因不易取得山葵而改以和風黃芥末做替代。

馬頭魚

江戸前・創作 さかえ寿司

千葉・稻毛海岸

在壽司飯上方擺放上馬頭魚的握壽司。馬頭魚會在店內製成一夜干。油炸魚鱗並煎烤魚肉捏製成握壽司。點綴山葵泥再做供應。

昆布漬小鯛魚

都寿司本店

東京・日本橋蠣殼町

早春被稱為春子鯛的鯛魚幼魚。魚肉水分較多，為去掉這些水分而先經昆布漬工序再製成壽司。撒上薄鹽約15分鐘後吸去水分，考量魚肉厚度用真昆布（高級昆布之一）或白板昆布包夾起來進行昆布漬。放置1～2小時再做使用。

白馬頭魚

鮨 いしばし

大阪・茨木市

漁獲量較少的高級魚，採訪當下為愛媛縣八幡濱產地直送漁獲。用鹽巴緊實魚肉之後，以利尻昆布包裹起來靜置半天再做切片。壽司飯上會擺上花椒芽增添香氣。採訪當下為主廚自選套餐中的首道供應菜品。

春子鯛

弘寿司

宮城・仙台市

變化調味佐料的兩款春子鯛壽司。春子鯛以鹽巴和醋令肉質稍微緊實一點以後，一個佐附上鹽漬櫻花（壽司下方的櫻花葉為裝飾用），另一個點綴上山椒葉。在視覺效果煞費一番工夫，藉由鋪在下方的彈珠讓盛裝在上面的壽司看起來像是浮在半空中。

沙鮻

鮨 島本

兵庫・神戸市

為了讓顧客留下風味爽口的印象而在壽司飯上擺上紫蘇葉，在最上方擠上酢橘汁，撒上鹽巴。捏製之前炙燒魚皮以添香氣。採訪當下使用岡山縣瀨戶內產沙鮻。

鰆魚

鮨 美菜月

大阪・北新地

經過煙燻處理的鰆魚壽司。用被水打濕的稻稈煙燻浸染香氣。為避免鰆魚過度受熱，使用事先用鹽巴緊實肉質並冷藏一整晚，直至中心都完全冷透的魚肉。由於純粹煙燻會使魚肉變澀，所以費了一番工夫讓魚肉只浸染上香氣。

黃尾鰤（平鰤）

鮨 巳之七

福岡・藥院大通

使用鰤魚腹肉。由於此部位富含彈性，所以略作一番工夫，片上三刀讓魚肉更易於食用。佐搭的特製芝麻醬是用生白芝麻炒到黑再研磨而成。以甘甜的味醂與醬油做調味。

鰤魚

鮨 島本

兵庫・神戶市

使用北海道產富含脂肪的天然鰤魚（採訪當下為羅臼產）。撒上鹽巴靜置約兩天再做切片。在油花分布猶如霜降的魚肉上面撒上現磨香橙皮屑，增添幾抹爽口清香。

黃尾鰤

博多たつみ寿司 総本店

福岡・中洲川端

使用富含脂肪的鰤魚白肉。佐搭紅、青辣椒做提味，在色彩搭配方面也略下了一番工夫。辣椒下面還放上了楓葉蘿蔔泥與切碎的山葵葉。

昆布漬鰆魚

鮨 島本

兵庫・神戶市

以昆布緊實肉質，並帶出略帶濕黏感的口感。「魚字旁加上春寫成的鰆魚。正如其字所示是一種春季盛產的魚類，但秋季的鰆魚才最為肥美。」店主如此表示。採訪當下使用的是瀨戶內產的秋季鰆魚。刷上煮切醬油，點綴上細香蔥泥。

芝麻漬鰤魚

独楽寿司

東京・八王子市

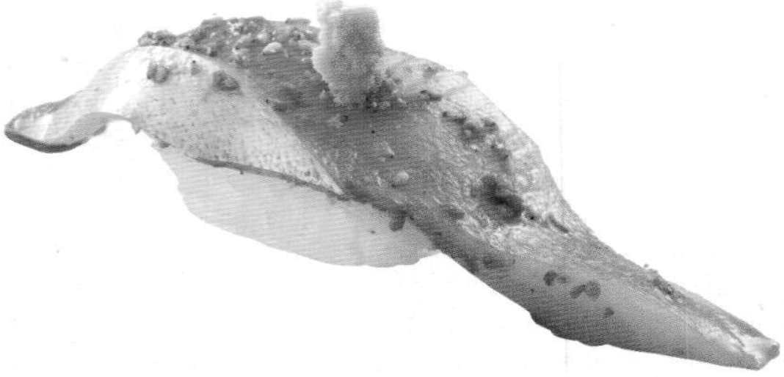

從九州特色名菜芝麻鯖魚中獲得靈感，在醃漬好的鰤魚上腹肉上面撒上芝麻碎，再捏製成握壽司。也是料理開發負責人應電視台邀約走訪南非，展示日本壽司美味的一道壽司。

※現未販售。

白魽（黃帶擬鰺）

江戸前・創作 さかえ寿司

千葉・稲毛海岸

白魽魚皮沾取煮滾揮發掉酒精的醬油後快速炙燒一遍。撒上醬油粉並點綴上花穗後供應。

紅魽（高體鰤）

江戸前・創作 さかえ寿司

千葉・稲毛海岸

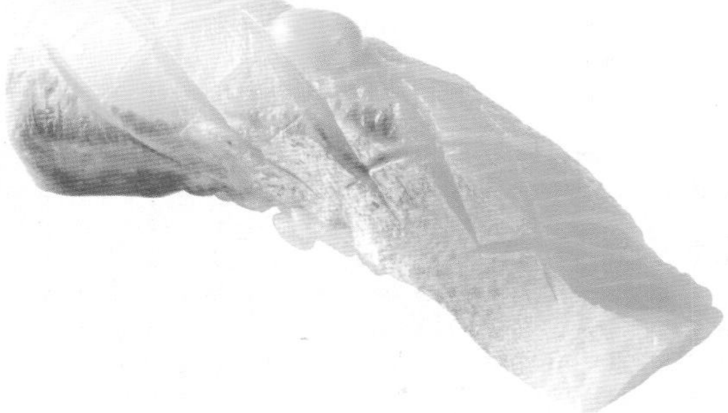

為了讓顧客能充分享用到紅魽的美味，特意製作成最簡單的握壽司而不多做加工處理。點綴上醋味噌再做供應。

石斑魚

弘寿司

宮城・仙台市

使用九州產石斑魚。熟成四天加深魚肉的鮮甜美味再用來製成壽司。擺放上切成星型的松前漬[9]風昆布與山葵莖、淺漬蕪菁、沙拉南瓜與紅蘿蔔，作為一大亮點。考慮到白肉魚的彈牙肉質，將肉切得較薄並相應增加長度。

紅魽幼魚

鮨 いしばし

大阪・茨木市

作為時令魚使用的一種魚料。選用高知縣室戶岬產的紅魽幼魚「ショッコ[8]」。撒上薄鹽熟成一天左右增添鮮甜風味，以此和壽司飯更加融為一體。搭配白肉魚使用的壽司飯會稍微控制甜度，搭配以米醋為基底的醇和熟成醋。

8 ショッコ：關東地區35cm以下的紅魽幼魚別稱。
9 松前漬：以醬油、味醂醃漬鯡魚卵、切絲魷魚乾及昆布製作而成的北海道的鄉土料理。

炙燒紅金眼鯛

博多たつみ寿司 総本店

福岡・中洲川端

紅金眼鯛生魚片單面炙燒過後，炙燒面朝下捏成握壽司。魚皮香酥且魚肉呈恰到好處的半熟狀態。點綴上蘿蔔泥柑橘醋與一味辣椒粉，令味道更顯清爽。搭配福岡縣青蔥豐富整體配色。

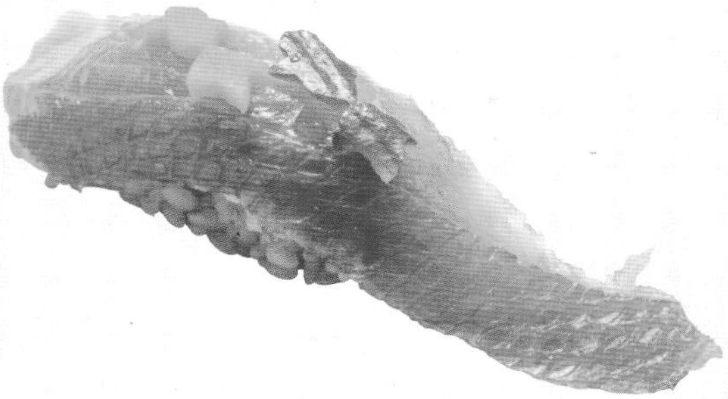

紅金眼鯛

弘寿司

宮城・仙台市

紅金眼鯛的魚皮經湯霜處理，用西京味噌醃漬半天左右。藉此添加白味噌醇和的甜味，讓紅金眼鯛吃起來更加美味。綠色與黃色雙色可愛裝飾分別是用鹽巴與高湯淺漬過的小黃瓜與「Colinky[10]」南瓜。

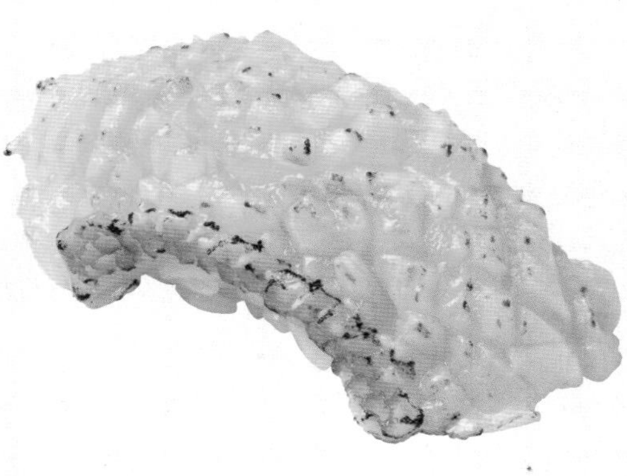

喜知次（キチジ）

鮨処 有馬

北海道・札幌市

又名「キンキ」的平鮋科白肉魚，盛產於冬季。採訪當下為羅臼產漁獲。稍微醃漬以後劃上細密的網格狀刀痕。略為炙燒表面，以此恰到好處地帶出魚肉與脂肪的香氣與鮮甜。

赤鯥

鮨処 ともしげ

宮城・仙台市

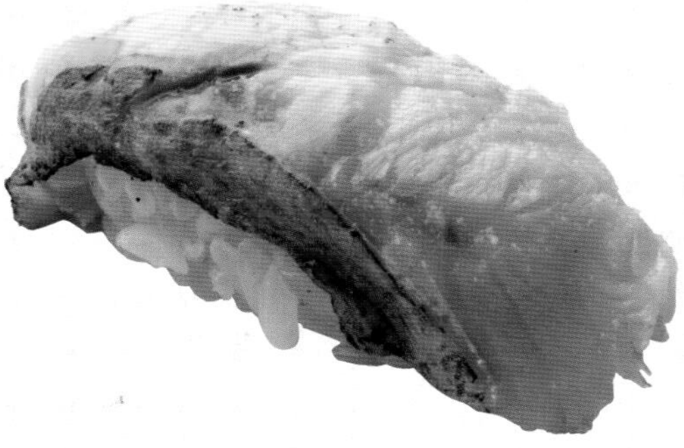

捕撈自宮城縣石巻市，富含脂肪的赤鯥經過炙燒，再佐搭鹽巴與酢橘讓風味更顯清爽。柑橘系調味會根據魚的特性選用酢橘或檸檬。

昆布漬赤鯥

キヨノ

福岡・福岡市

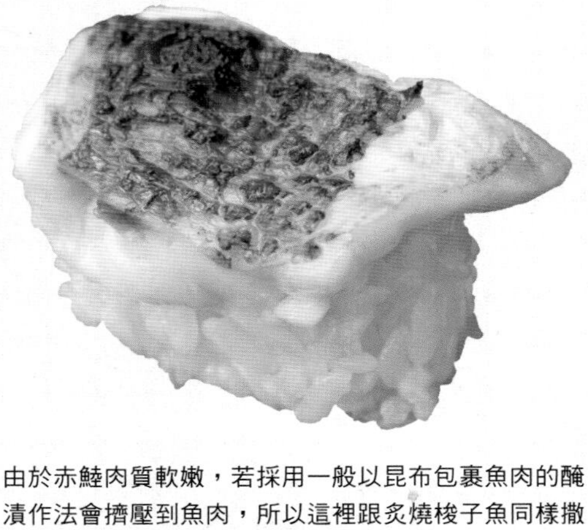

由於赤鯥肉質軟嫩，若採用一般以昆布包裹魚肉的醃漬作法會擠壓到魚肉，所以這裡跟炙燒梭子魚同樣撒上較多以昆布粉與天然鹽研磨而成的「昆布茶」，靜置上一整天。用燒烤盤將魚肉及魚皮炙烤得焦香四溢再捏成握壽司。

10 Colinky：コリンキー，澳洲與日本南瓜培育出來，可連皮一起生吃的南瓜品種。

炙燒紅喉（赤鯥）

鮨 ふるかわ 麻布霞町

東京・六本木

將曾經作為首道小菜供應的料理改良成握壽司。富含脂肪的紅喉透過炙燒的手法帶出的誘人香氣。撒上添加了松露的橄欖油、松露鹽來增添西洋元素。

大翅鮶鮋（喜知次）

すし屋のさい藤

北海道・薄野

用烤網炙烤富含油脂的大翅鮶鮋魚皮，以此充分享用油脂的鮮甜與香氣。搭配山葵泥與蔥芽讓風味更顯清爽。不論搭配鹽巴或醬油都很對味，詢問顧客喜好再行提供。

紅喉

鮨 いしばし

大阪・茨木市

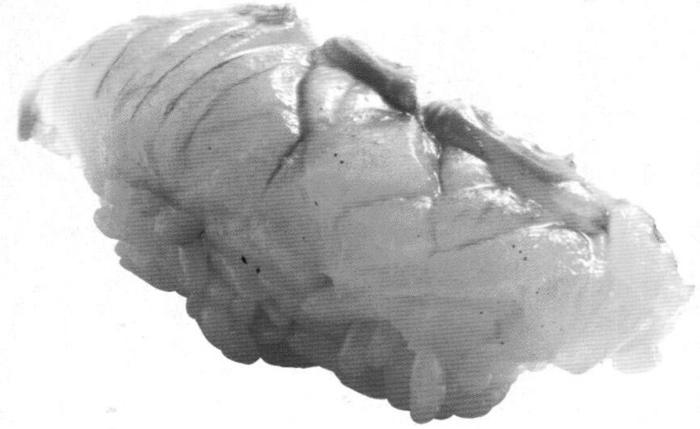

基於「日本海捕撈到的紅喉如鰤魚般富含油花，極其美味」的想法，嚴格挑選來自石川縣能登到北陸產的漁獲。由於肉質鬆散所以會用鹽巴緊實魚肉之後再做切片，在供應之前瞬間炙烤魚皮以添香氣。

炙燒梭子魚

キヨノ

福岡・福岡市

梭子魚上面撒上將昆布粉與天然鹽放入研磨缽裡研磨而成的「昆布茶」，放到冷藏室裡面靜置3～4小時讓昆布醃漬入味。分切成片炙燒魚皮，擺放到壽司飯上面，點綴上梅乾肉與花椒芽。

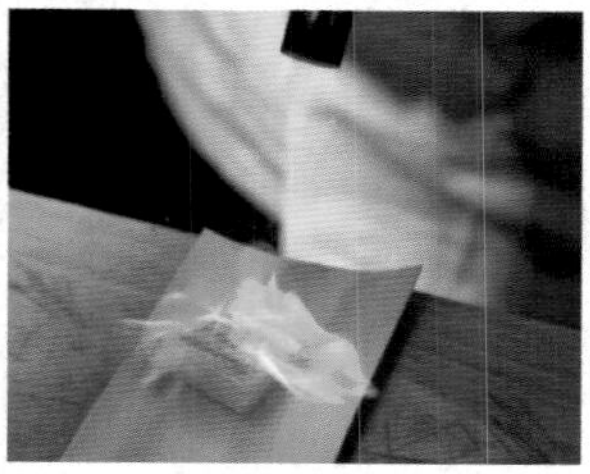

用噴槍炙燒梭子魚的魚皮增添香氣。

紅喉

鮨 島本

兵庫・神戸市

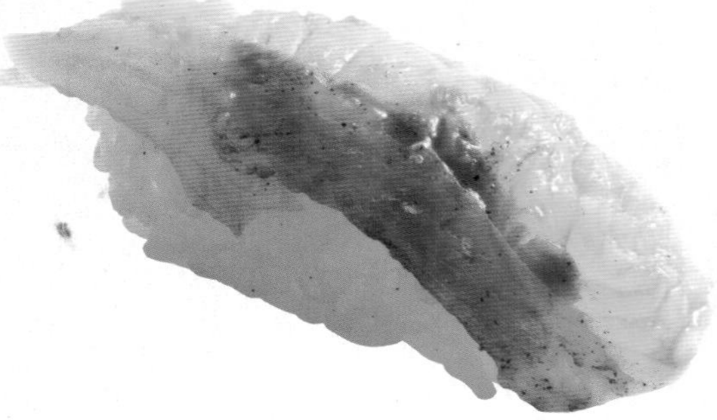

店內最受歡迎的壽司魚料。要捏製之前用炭火炙烤魚肉，逼出油脂的同時透過滴落到炭火上的油脂帶起的油煙反應增添煙燻香氣。選用品種名為「紅瞳」的紅喉（赤鯥），先以鹽巴緊實肉質，再用昆布醃漬4、5小時再做使用。

紅喉

弘寿司

宮城・仙台市

放到「炒米」裡醃漬的紅喉壽司。所謂的炒米是先將稻米炒到接近全黑的焦黑狀，靜置三天產生好聞的香氣以後磨碎，加入鹽水調合成糊狀，再將紅喉醃漬於其中。吸收炒米香氣的紅喉風味會更上一層，呈現出嶄新風味。供應的時候撒上將炒米磨成類似黃豆粉的炒米粉末，進一步增添風味。炒米也會用來作為擺盤陪襯。

紅喉幼魚

鮨 島本

兵庫・神戸市

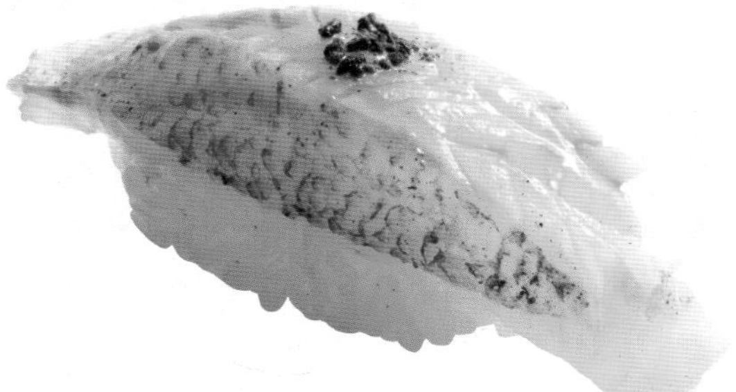

日本海捕撈到的紅喉幼魚。體型比一般的紅喉還要小上一些，會調整緊實肉質的時間軟化分布的脂肪。透過靜置熟成的方式讓魚肉變得更加柔嫩。供應之前略作炙烤再捏製，點綴上黑七味粉。

炙燒紅喉

紋ずし

東京・祐天寺

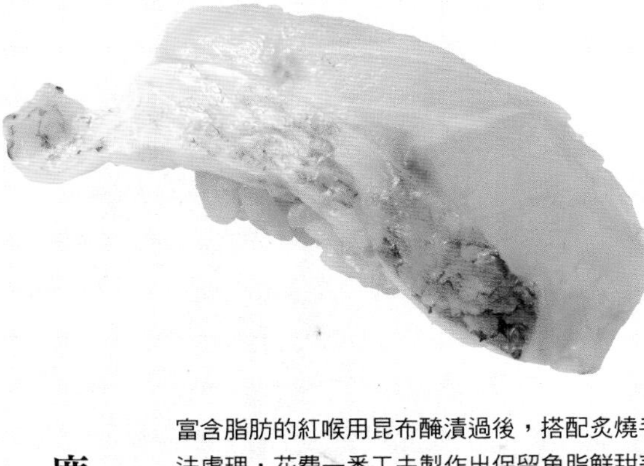

富含脂肪的紅喉用昆布醃漬過後，搭配炙燒手法處理，花費一番工夫製作出保留魚脂鮮甜美味的同時又不會過於油膩的握壽司。片好的魚肉撒上薄鹽，再以日高昆布包裹起來，吸除多餘水分，濃縮魚肉的鮮甜美味。藉由炙燒魚皮來帶出魚皮部位的鮮甜美味。

鹿角魚佐魚肝（沙猛魚）

弘寿司

宮城・仙台市

使用高度新鮮的鹿角魚，搭配濃醇甘甜的魚肝一起享用的握壽司。因為魚肝本身就很鮮甜，所以壽司飯使用以紅醋製作而成的清爽醋飯。魚肉上面再擺上切片藍莓，沾取醬油一起享用這股酸味。

東洋鱸

キヨノ

福岡・福岡市

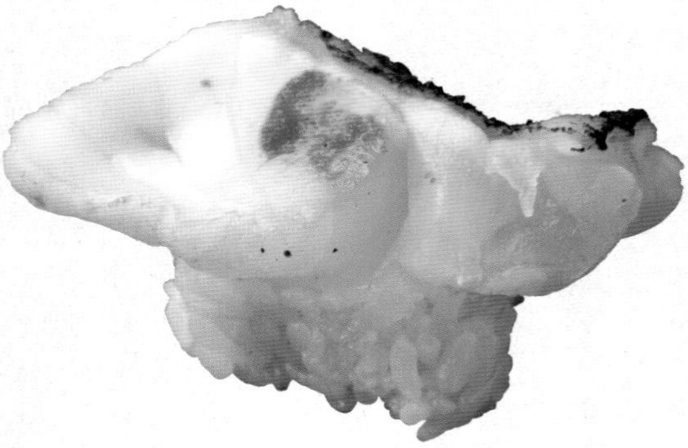

由於東洋鱸魚肉較厚實，平放後用竹籤串起。噴上用酒和淡口醬油混合而成的液體調味料，再把魚皮烤得焦香四溢。塗上在醃漬辣味明太子用的明太子胡椒粉裡添加了大蒜、濃口醬油、淡口醬油的調味料，增添風味。

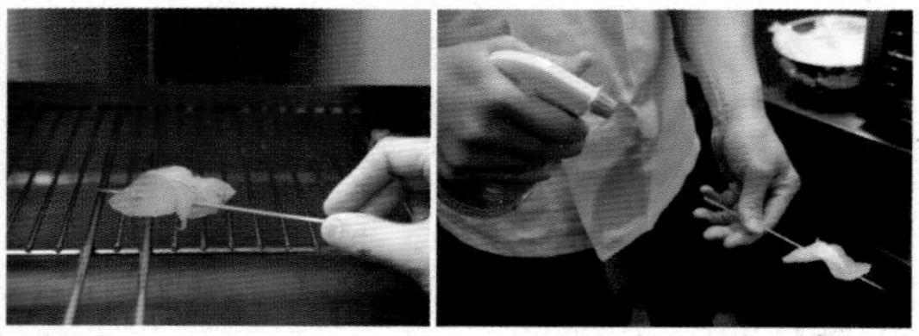

噴上酒和淡口醬油混合而成的液體調味料，用燒烤爐炙烤魚皮。

河豚半敲燒

鮨 島本

兵庫・神戸市

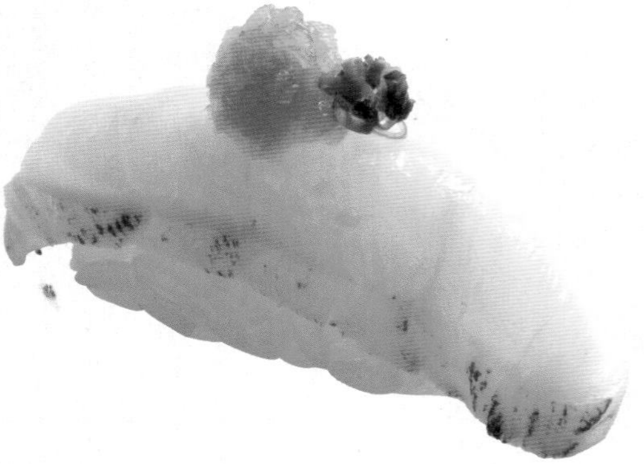

將偏硬的河豚處理到肉質軟嫩適合搭配壽司飯再做分切。撒上鹽巴靜置兩天後進行炙燒，接著靜置一天讓炙燒好的魚肉風味調合穩定。刷上煮切醬油，擠上酢橘，點綴上細香蔥末與吸收了柑橘醋的辣味蘿蔔泥。

鹿角魚

鮨 いしばし

大阪・茨木市

白肉魚堅持選用瀨戶內產的天然漁獲，採訪當下的鹿角魚為兵庫縣明石、二見產的活魚。壽司飯上面擺上細香蔥末，魚肉上面則是擺放上鹿角魚肝、辣蘿蔔泥，點綴上蔥芽並淋上柑橘醋再做供應。

魚肝鹿角魚

紋ずし

東京・祐天寺

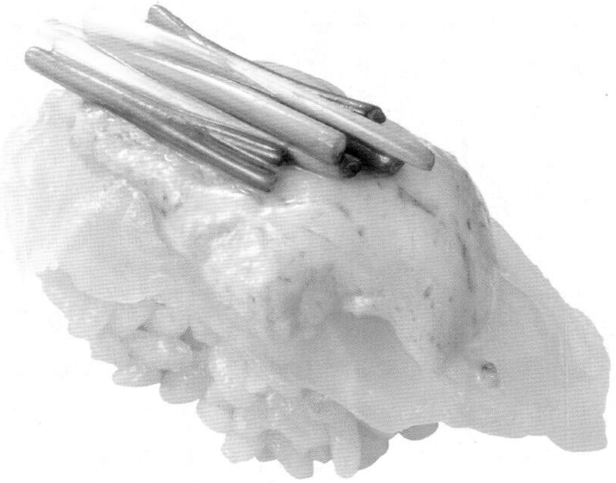

使用新鮮度超群的鹿角魚，並為了讓顧客也能品嚐到魚肝的美味，將其擺放到魚肉上面做成握壽司。在風味清爽的高級魚肉上面，添加魚肝的芳醇風味營造出奢侈美味。在最上方擺上鴨頭蔥（高等蔥）作為調味佐料，增添口感與香氣。選用的魚類採購自豐洲市場值得信賴的業者。

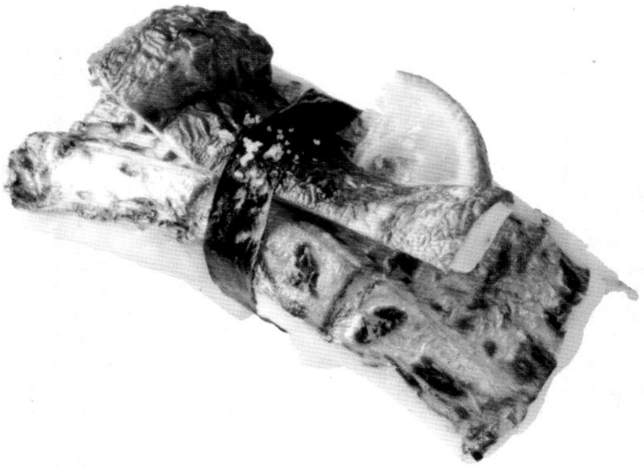

白帶魚佐松茸

江戸前・創作 さかえ寿司

千葉・稲毛海岸

以稍微用火炙燒過的白帶魚與烤熟的時令松茸製作而成的奢華握壽司。用千葉縣船橋產海苔包裹起來，享受松茸與白帶魚譜出的協奏曲。完成前點綴少許鹽巴，擠上酢橘享受清爽美味。

白帶魚海膽米飯

江戸前・創作 さかえ寿司

千葉・稲毛海岸

使用了白帶魚與海膽的奢華小碗丼飯。在壽司飯裡添加北海道產海膽，再以煮切醬油調整味道，混拌而成。盛裝到小碗公裡面，擺放上鹽烤白帶魚。於最上方點綴上山葵泥並擠上酢橘再做供應。

白帶魚

すし崇

長野・長野市

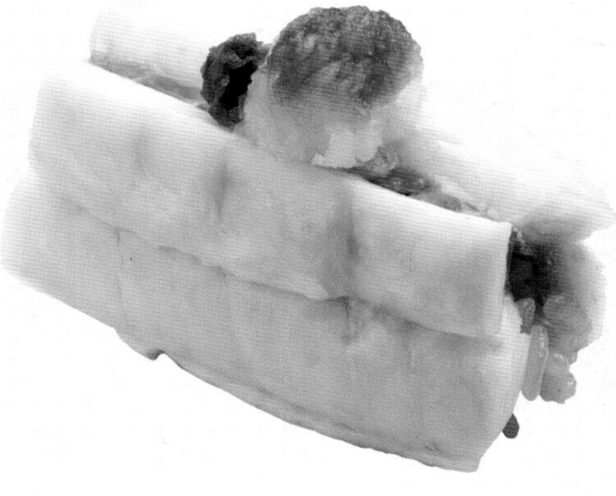

「不只炙烤白帶魚的表皮，連同魚肉也一起烤熟應該更好吃吧？」基於這樣的探求心理誕生出這道白帶魚「烤魚壽司」。供應前以炭火炙烤再捏製成握壽司，佐附上調味佐料蘿蔔泥與細香蔥末。此外也持續探索馬頭魚、鰤魚「烤魚壽司」的可能性。

白帶魚

弘寿司

宮城・仙台市

紅心蘿蔔的蘿蔔泥不僅顏色鮮艷吸睛，其本身的清爽風味更能很好地帶出白帶魚魚皮部分的清甜。在魚皮上面劃上刀痕，並透過炙烤來增添香氣。「為彌補魚皮炙烤過後失去的光澤」而撒上金箔。壽司飯中裡使用到的是紅醋。

小銀綠鰭魚

弘寿司

宮城・仙台市

以做成宮城縣英雄人物伊達政宗形象的昆布作為裝飾，點綴在以昆布漬緊實肉質的小銀綠鰭魚之上。小銀綠鰭魚的魚皮帶有一股獨特氣味，有的人可能會無法接受。所以選擇透過昆布漬的手法，去味的同時又不減損魚肉本身的美味。

印度牛尾魚

弘寿司

宮城・仙台市

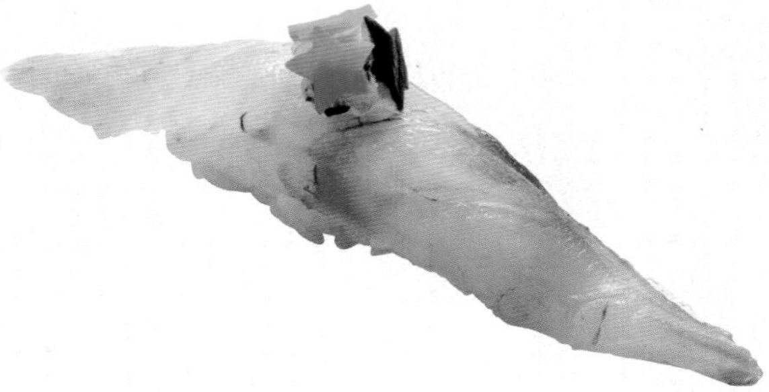

添加松前漬風調味佐料作為提味。松前漬風的調味佐味分別為切成末的山葵莖與昆布、蘿蔔。將小黃瓜與Colinky南瓜切成星型。基於「想讓顧客吃魚的時候也吃進蔬菜」的想法，規劃出了這個供應方式。

許氏平鮋

弘寿司

宮城・仙台市

以藍莓與香橙皮作為調味佐料。將藍莓切成薄薄一片再擺放上去。搭配藍莓與香橙馥郁香氣一起品嚐的白肉魚，誕生出新穎的美味感受。提供的時候撒上鹽巴。鹽巴使用的是帶著淡淡炭香的「竹鹽」。

鱒魚

弘寿司

宮城・仙台市

「我吃過一種超厲害的壽司！」這是一道能引發這個話題的壽司。鱒魚壽司上面點綴魚子醬與金箔，再用容器營造出高級感。成本要價雖已約1000日圓，但仍以1200日圓左右的優惠價格供應。使用帶有脂肪含量適中的鱒魚。

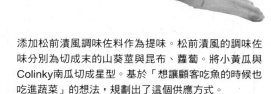

銀皮魚握壽司

銀皮魚握壽司深受「內行人」喜愛，甚至可謂是能左右一家店的評價。近來供應的生鮮銀皮魚種類也有所增加，但醋漬的技術才是一較高下見真章的地方。其運用到的醋十分多元，除了歷來的生醋之外，還進行了現代風格的改良使用柑橘類、洋酒系西洋醋等調味料。

窩斑鰶[11]

都寿司本店 東京・日本橋蠣殼町

醋漬的時間會依魚的大小、脂肪含量，以及當天的氣溫而改變。基本上是用鹽巴醃漬快30分鐘、用醋醃漬近30分鐘，放置二至三天很好地去掉油脂的同時充分入味。醃漬醋使用的是味滋康的酒粕醋。根據魚肉個體的大小搭配兩片生魚片。魚肉上面縱向劃上刀痕，突顯魚皮的美麗。

窩斑鰶[11]

鮨 いしばし 大阪・茨木市

在主廚精選套餐中作為在鮪魚之後出餐的醋漬壽司之一。窩斑鰶用鹽巴與醋緊實肉質以後，靜置兩天左右讓醋充分入味再做使用。在壽司飯與魚料上面撒上香橙皮屑。採訪當下使用石川縣七尾產窩斑鰶。

窩斑鰶[11]

鮨 島本 兵庫・神戸市

將以鹽巴與醋適當緊實肉質的窩斑鰶盤成一個圓。劃上刀痕再將半身魚片交疊到一起的魚料，不僅能讓外表看上去更顯華美，也能增加厚度享受厚實的口感。

窩斑鰶[11]

鮨 ふるかわ 麻布霞町 東京・六本木

由於冬季的窩斑鰶富含脂肪，所以搭配能起到讓魚肉入口更顯清爽作用的糖醋嫩薑、小黃瓜與芝麻。透過另外佐附而不捏製成握壽司的方式，將窩斑鰶作為小菜，提供顧客一個依照個人喜好搭配壽司飯享用的提案。

11 窩斑鰶：7～10cm大的窩斑鰶幼魚。

紅醋漬窩斑鰶

鮨 かの

東京・一之江

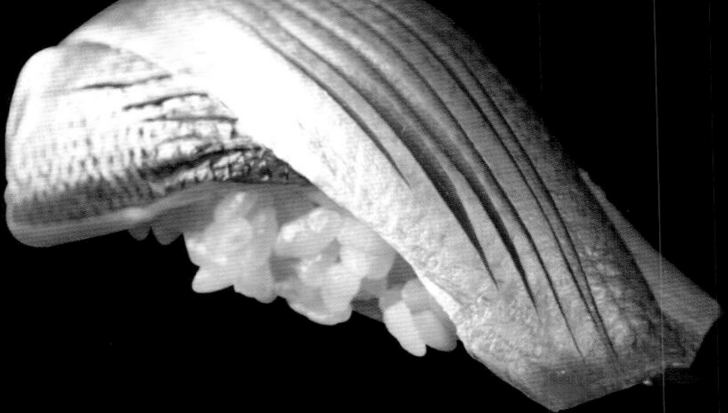

從築地擅長處理銀皮魚的批發商中採購。肉質厚實而富含脂肪的窩斑鰶用紅醋醃漬20～30分鐘緊實肉質，再將兩片半身魚肉疊放到一起捏製成握壽司。壽司飯使用新潟縣岩船產的越光米，用釜鍋少量炊煮好以後用醋調合，搭配恰到好處的溫度做使用。

窩斑鰶

御鮨処 田口

神奈川・川崎市

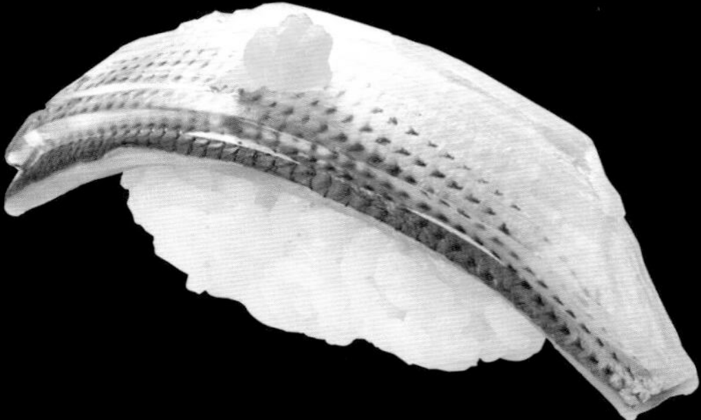

以「酸甜青春滋味」為主題。一整尾窩斑鰶切開來以後，用鹽巴醃漬15分鐘、用醋醃漬20分鐘緊實肉質。使用半身魚肉捏製成壽司，魚皮塗上一層混入薑醋的寒天凍，點綴上撒入砂糖的香橙皮屑，作為「酸甜青春滋味」的提味。

窩斑鰶成魚[12]

鮨 美菜月

大阪・北新地

用不去掉魚刺的方式享用刺雖多但味道極好的窩斑鰶成魚。用鹽巴處理過後，放入高湯醋裡浸泡，花上一至兩週的時間醋漬，軟化魚刺。由於魚肉大而厚實，所以劃上細密的網格狀刀痕，切成上身、魚骨、下身三片捏製成握壽司。

窩斑鰶

弘寿司

宮城・仙台市

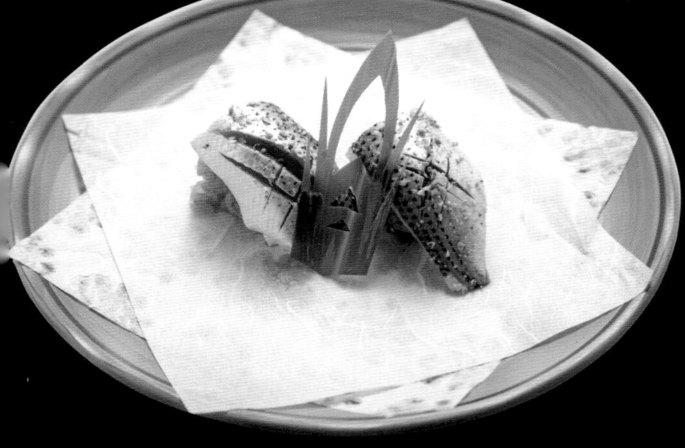

撒上白芝麻後供應。為了讓熟成好的醋漬窩斑鰶與紅醋壽司飯更加對味，添加恰到好處的芝麻香作為提味。照片將窩斑鰶魚肉對半分切，捏製成2貫握壽司。用別具一格的裝飾用紙與竹葉做點綴，將2貫壽司擺盤得萬分吸睛。

窩斑鰶

紋ずし

東京・祐天寺

確實劃上網格狀刀痕突顯魚皮的美麗，再捏製成壽司。撒上鹽巴20分鐘，再以米醋醃漬20分鐘左右進行醋漬。靜置一至兩天和緩醋的刺激性、風味調合穩定以後再做使用。

12 窩斑鰶成魚：長至16cm以上的窩斑鰶成魚。

生鮮鯖魚泥

鮨 ふるかわ 麻布霞町

東京・六本木

從生拌竹筴魚獲得靈感，將生鮮鯖魚與紫蘇葉、蔥一起剁碎。不製作成軍艦壽司，而是擺放壽司飯上面捏製成型。自上而下俐落地淋上香川・小豆島產的大豆醬油、酒、味醂製作而成的煮切醬油。

鯖魚

鮨 美菜月

大阪・北新地

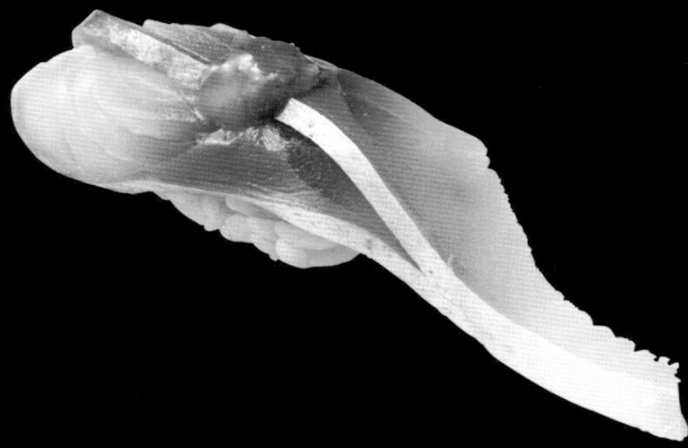

店主出生的香川縣有不少家庭都會自製味噌，所以味噌選用自製「獨門味噌」，點綴到鯖魚上面。鯖魚跟窩斑鰶一樣都是用鹽巴處理過後，以高湯醋浸泡一週左右。以「八重造り[13]」的切法切成片狀。

醋漬鯖魚

都寿司本店

東京・日本橋蠣殼町

用鹽巴好好地去掉水分緊實肉質，用酒粕醃漬，再用醋緊實肉質30～40分鐘。醃漬的時間會依魚肉的狀態與季節溫度而異，有時僅20分鐘也有時會花上1小時，進行適度的時間調整讓風味保持一致。

鹽漬鯖魚

鮨 巳之七

福岡・藥院大通

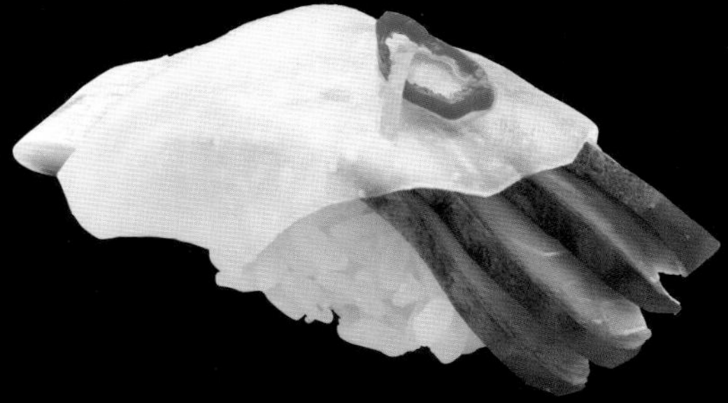

先用鹽巴醃漬鯖魚3小時，再用醋醃漬30分鐘。切成四片提供，營造出豪華感。擺上甜醋漬蕪菁，再點綴上辣椒與香橙皮，是表現冬季氛圍的菜品之一。

關鯖魚

紋ずし

東京・祐天寺

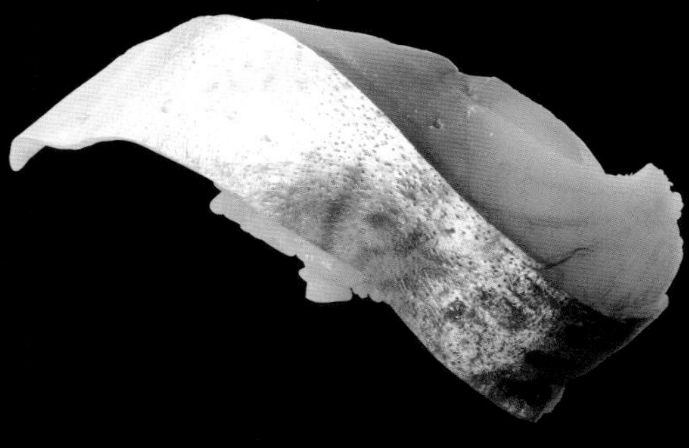

大分縣佐賀關捕撈到的「關鯖魚」是可生食鯖魚的高人氣品牌魚。該店以用醋淺漬的方式來帶出脂肪含量豐富、肉質緊實關鯖魚的鮮甜美味。醃漬的時間雖會視個體情況改變，但大致以鹽醃20分鐘、醋漬20分鐘為基準。

金華鯖魚

鮨処 ともしげ

宮城・仙台市

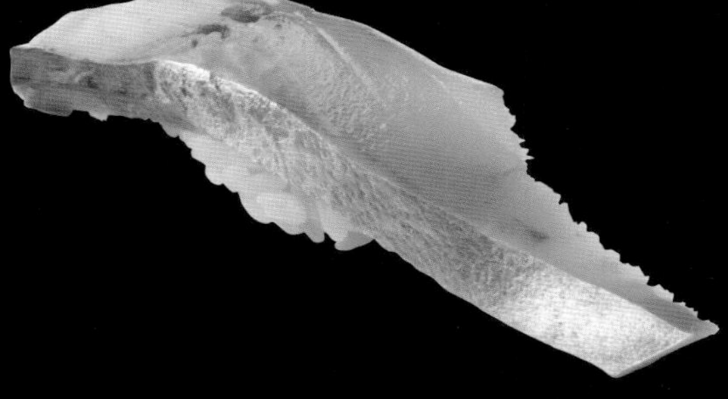

作為品牌魚為宮城縣遠近馳名的金華山海域鯖魚。脂肪含量豐富，以鹽巴充分醃漬2小時，再用醋緊實肉質10分鐘。醃漬醋使用的是白菊醋與紅醋的調合醋。靜置兩天充分入味以後再捏製成握壽司。

13 八重造り：先深深劃入半刀，再下一刀將魚肉完整切下的切法。

山藥泥鯖魚

独楽寿司

東京・八王子市

將鯖魚與山藥組合到一起，出乎意料十分搭配的創作壽司。清脆的山藥絲吃起來口感尤佳。以青海苔粉的香氣統合山珍與海味食材的風味，增添色彩豐富性。
※現未販售。

鯖魚

江戸前・創作 さかえ寿司

千葉・稻毛海岸

兩款鯖魚握壽司。採訪當下為千葉縣館山產鯖魚。用鹽巴醃漬1小時再捏製成握壽司。上為鯖魚握壽司，鋪上以醬油與黃砂糖增添亮澤感並配合鯖魚分切的白板昆布。完成前再撒上青海苔粉。下面的壽司使用帶有薄魚皮的鯖魚，用煮切醬油稍作調味，炙燒魚皮部分再捏製成型。撒上芝麻碎再做提供。

鯖魚棒壽司

すし崇

長野・長野市

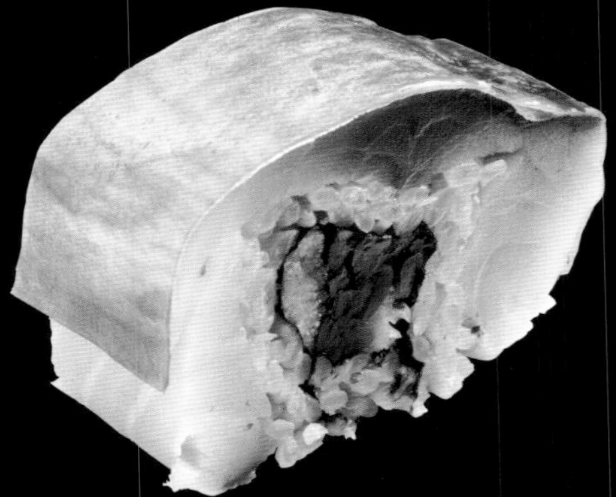

令顧客讚不絕口，可享用到不同於握壽司美味的鯖魚棒壽司。和握壽司一樣使用紅醋壽司飯，加入葫蘆乾與滷香菇增添甜味，再以糖醋嫩薑的風味做提味。選用鹿兒島產鯖魚，醋漬以後製作成棒壽司。

醋漬鯖魚

キヨノ

福岡・福岡市

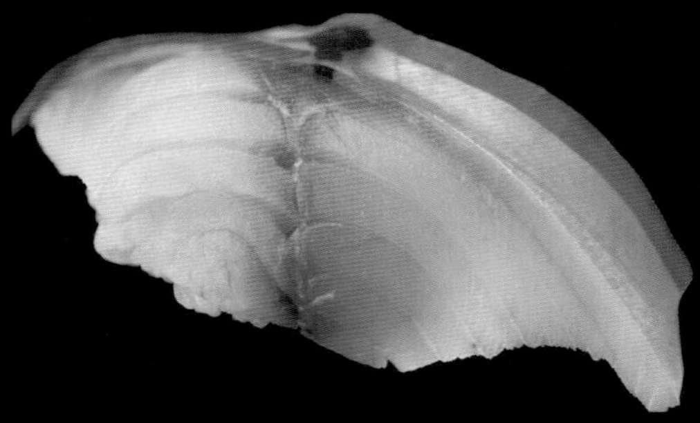

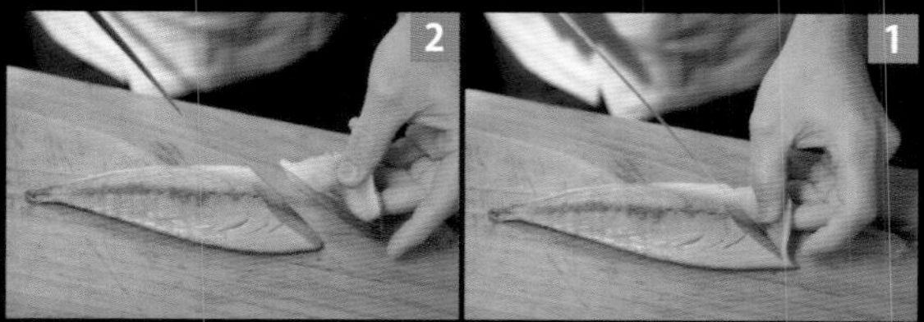

鯖魚分別用鹽巴與醋醃漬40分鐘，先深深劃入一刀再下另一刀完整切下。

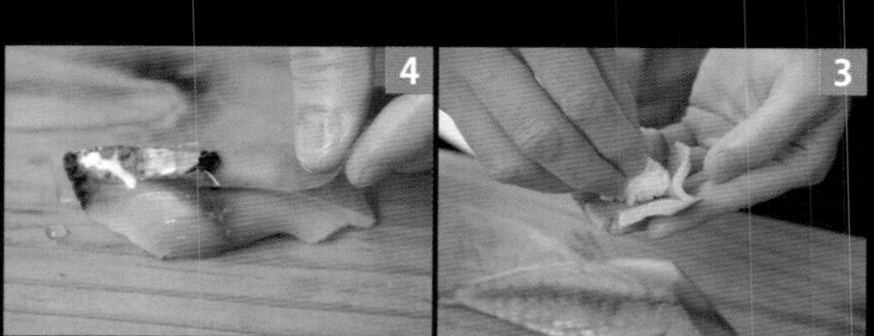

切下來的鯖魚攤開來填入壽司飯捏製成型，擺放上「竹炭胡椒」與白板昆布。

鯖魚劃開攤成一片，填入山葵泥與壽司飯捏製成型，點綴上「竹炭胡椒」再鋪上白板昆布。白板昆布由高湯昆布、醋、鹽巴、濃口醬油、淡口醬油、砂糖、水放入鍋中煮滾過的「松前醋」醃泡一晚製作而成。

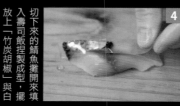

花枝

鮨 島本

兵庫・神戸市

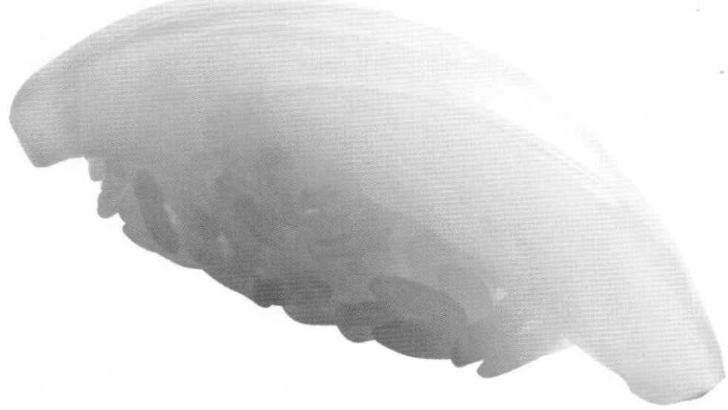

撒上薄鹽靜置一天半再做分切。因店主表示「雖同樣是花枝但又能享用到小花枝的獨特口感」，所以採訪當下使用的是瀨戶內產小花枝。是能讓人驚訝於其肉質柔嫩程度的握壽司。

花枝

都寿司本店

東京・日本橋蠣殼町

會根據季節分別選用花枝、劍尖槍魷、軟翅仔、長槍烏賊等品種。花枝進入秋天以後肉質變得厚實，風味也會更加鮮美甘甜。為了讓黏滑的花枝肉更易於食用，在上面劃上斜向刀痕再捏製成型。搭配薑泥調味佐料享受其清爽風味。

長槍烏賊

鮨 島本

兵庫・神戸市

為了帶出長槍烏賊的甘甜滋味而在表面與背面劃上三個方向的細密刀痕。以此達到咀嚼時隨著米飯一起輕易嚼碎的效果。擠上酢橘汁再做供應，以此更加品嚐到其中的甜味。去除多餘水分並靜置一天半再做切片。

長槍烏賊

江戸前・創作 さかえ寿司

千葉・稻毛海岸

兩款長槍烏賊。上面的握壽司在表面劃上刀痕讓外表看上去更顯華美，接著再撒上鹽巴，擺放上酢橘。鹽巴使用的是廣島縣吳市的海人藻鹽。下為切絲魷魚握壽司。將長槍烏賊切成細絲狀，再進一步切碎，拌入切碎的紫蘇葉，作為壽司魚料捏製成握壽司。撒上鹽巴與芝麻。採訪當下為神津島產長槍烏賊。

北魷佐晴王麝香葡萄

独楽寿司

東京・八王子市

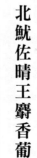

想搭配眾所皆知的高人氣食材，將晴王麝香葡萄做成壽司，基於這樣的想法進行多方嘗試才完成的握壽司。晴王麝香葡萄清爽的風味和北魷清淡的風味非常對味。

※現未販售。

花枝

鮨 いしばし

大阪・茨木市

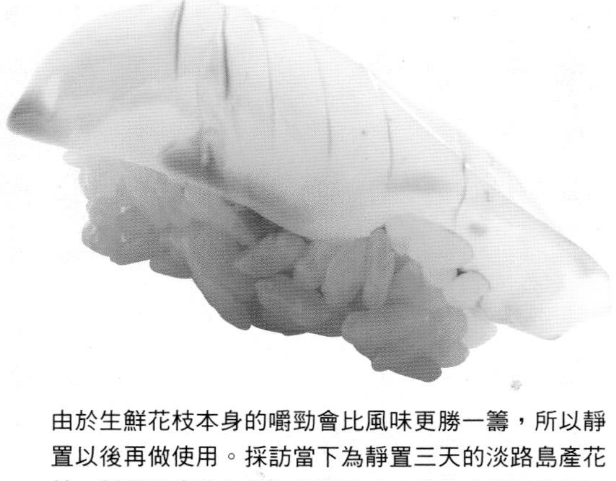

由於生鮮花枝本身的嚼勁會比風味更勝一籌，所以靜置以後再做使用。採訪當下為靜置三天的淡路島產花枝。靜置的步驟也能更添甜味。中間夾入增添香氣用的海苔再捏製成型。

北太平洋巨型章魚

弘寿司

宮城・仙台市

使用志津川灣（三陸）的北太平洋巨型章魚。盤子左邊擺放的是一整塊喜馬拉雅山黑礦鹽，讓顧客自己現磨添加。這種礦岩裡面帶有一股類似硫磺的獨特香氣，和北太平洋巨型章魚十分對味。點綴在章魚上面的調味佐料是和辣椒一起醃漬並切成末的醃黃蘿蔔乾。

赤魷印籠壽司

すし崇

長野・長野市

近來提供的店家較少，但曾是壽司老饕也一致會給出好評的「印籠壽司」。採訪當下使用的是赤魷，中間填入的壽司飯裡拌入烘焙芝麻、葫蘆乾、滷香菇、鮮蝦鬆。除此之外也會使用長槍烏賊，有時也會使用日本槍烏賊製作成「小印籠壽司」。

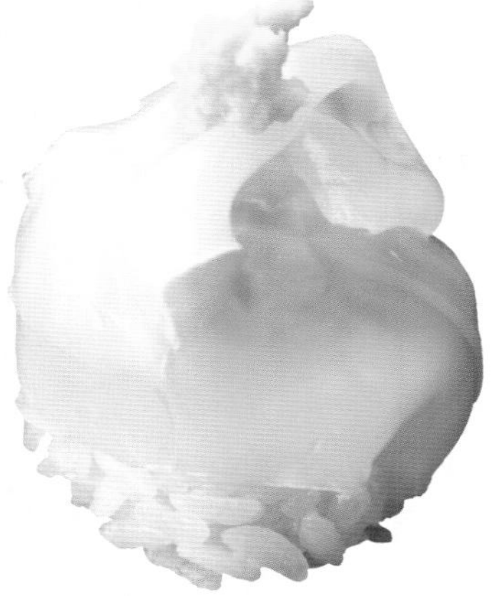

生鮮海膽佐烏賊

キヨノ

福岡・福岡市

可以透過覆蓋在上面的長槍烏賊隱約看見下面的生鮮海膽，加上山葵泥的顏色，讓配色更顯漂亮的一款壽司。花費一番工夫將烏賊切成薄片，製作成與海膽融為一體的美味。

水煮章魚

鮨 ふるかわ 麻布霞町

東京・六本木

作為下酒菜提供的水煮嫩章魚拿來作為壽司魚料供應。章魚煮軟以後淋上調味醬汁，另外佐附上壽司飯。可以同時品嚐到章魚下酒菜、章魚壽司的雙重享受。在壽司飯上面點綴香橙皮作為提味。

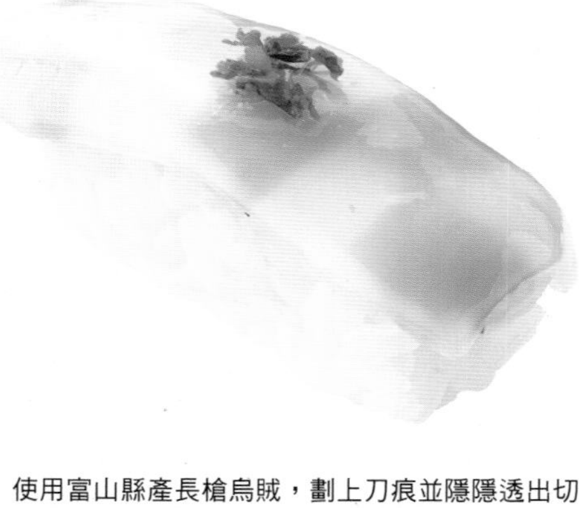

市松[16]烏賊

御鮨処 田口

神奈川・川崎市

使用富山縣產長槍烏賊，劃上刀痕並隱隱透出切成一致大小的海苔。進一步擺放上乾燥生海苔，組合成海味豐富的一款握壽司。

16　市松：此處指棋盤格紋的圖紋。

蝦・蟹握壽司

全世界的蝦子種類多達三千種，其中約有20種可食用。近來螃蟹也在松葉蟹、北海道毛蟹這些既有種類裡增加了不少品種。透過能活用蝦蟹本身美味的捏製方式與供應方式來擄獲顧客的味蕾。

天然日本對蝦

紋ずし

東京・祐天寺

採訪當下為熊本縣天草產。嚴格遵守江戶前壽司的製程，在水煮日本對蝦下方夾入用周氏新對蝦製作而成的鮮蝦鬆。佐附上切開一半更易於食用又烤得酥香四溢的蝦頭。

日本對蝦

代官山 鮨 たけうち

東京・代官山

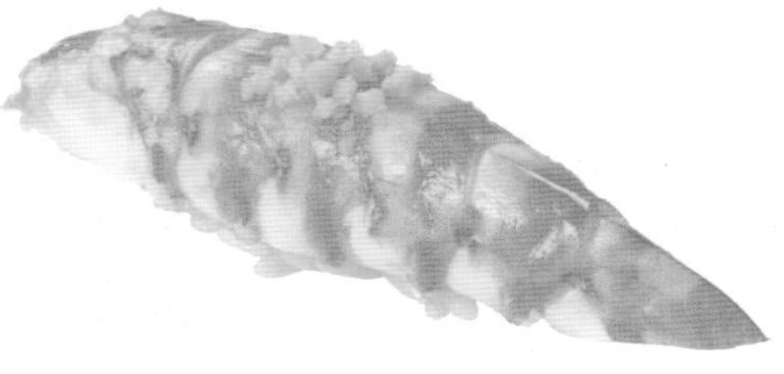

採購回來的活蝦於供應前再做緊緻肉質的處理。蝦子放入鍋中沸水以後，立刻轉為小火汆燙。十分講究地燙煮1分15秒，燙成半生狀態。享用外層綿軟、內裡彈嫩的口感。

日本對蝦

すし崇

長野・長野市

該店也會使用放到「蛋黃鬆」裡醃漬熟成的壽司魚料。蛋黃鬆的材料為醋、砂糖、雞蛋。將蝦子放入加熱揮發掉酸味的蛋黃鬆裡，讓味道一點點滲入食材之中。採訪當下為熟成三週的日本對蝦，製作出蝦子的甜味會隨著咀嚼浸染而出的好滋味。

鮮蝦芫荽

独楽寿司

東京・八王子市

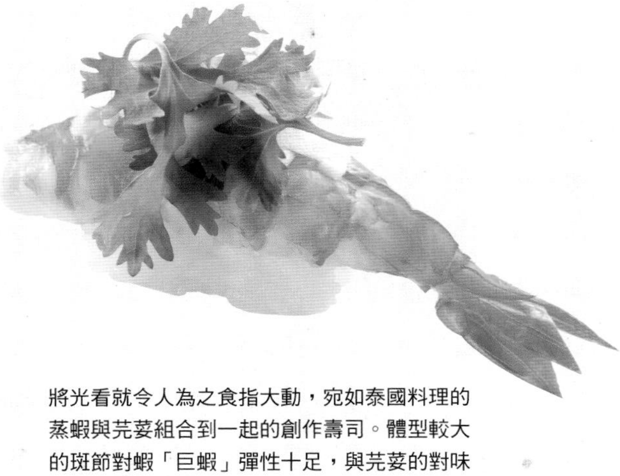

將光看就令人為之食指大動，宛如泰國料理的蒸蝦與芫荽組合到一起的創作壽司。體型較大的斑節對蝦「巨蝦」彈性十足，與芫荽的對味程度眾所皆知。

※現未販售。

日本對蝦

博多たつみ寿司 総本店

福岡・中洲川端

直接在顧客面前剝去生鮮日本對蝦的蝦殼，當場捏製成握壽司。使用添加了香橙醋打發而成的大豆卵磷脂做調味。蝦頭直接油炸，完整品嚐一隻鮮蝦。

日本對蝦

キヨノ

福岡・福岡市

過熱水燙出顏色的日本對蝦用刀背敲打，讓味道更容易入味，放到調味汁裡浸泡1～2分鐘。

日本對蝦過熱水燙出顏色，浸泡冰水剝去蝦殼。用刀背敲打，再浸泡到以紹興酒為底的調味汁裡，帶出鮮蝦的甜味。用布巾吸去水分，放到壽司飯上面，點綴上真山葵泥。

牡丹蝦

弘寿司

宮城・仙台市

以「蝦子on蝦子」的搭配引發討論度的握壽司。選用在地牡丹蝦與蝦卵，再擺上乾煎過的小蝦。能在一貫壽司當中品嚐到黏滑的蝦肉搭配蝦卵的顆粒感與濃濃的鮮味，疊加上乾煎蝦肉酥脆焦香的多層次美味。

牡丹蝦

鮨処 有馬

北海道・札幌市

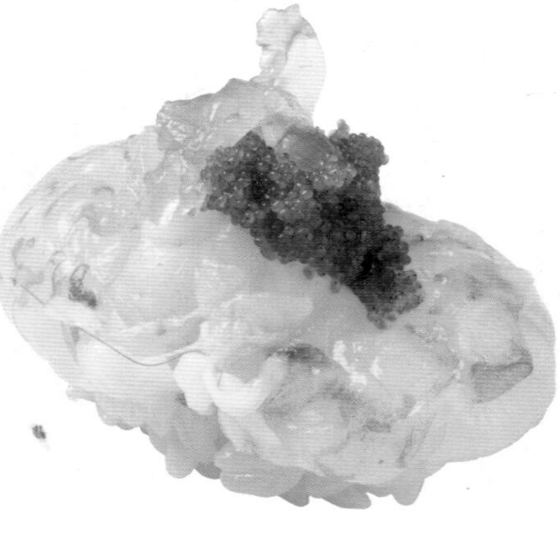

北海道西南部噴火灣的帶卵牡丹蝦。選購鮮新活蝦，以熱水稍微燙過再捏製成握壽司。在捏好的壽司上面擺上蝦卵及蝦頭眼部深處鮮味濃郁的蝦肉，多費一些工夫提高整體價值。

牡丹蝦

鮨 美菜月

大阪・北新地

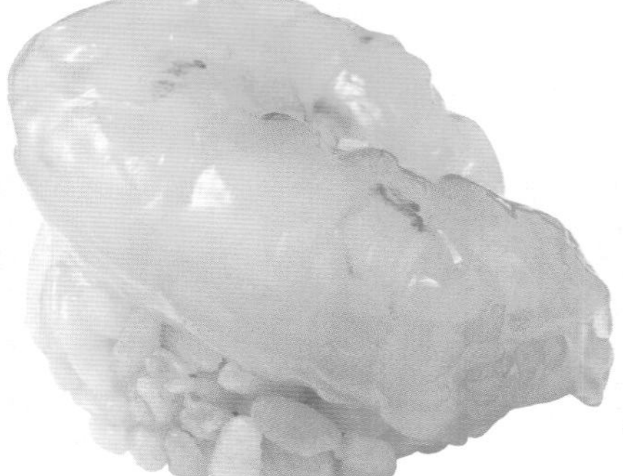

用來端給已經吃到胃口大開顧客的壽司。剝除牡丹蝦的蝦頭、蝦腳、蝦殼與蝦尾，放到高湯醬油裡醃漬過後再捏製成型。壽司飯特意改為溫熱的醋飯，藉由冰涼壽司料與溫熱醋飯的組合，享受牡丹蝦因溫度不同而產生的美味變化。

日本玻璃蝦

代官山 鮨 たけうち

東京・代官山

直接從專賣業者處採購而來的，享有「富山灣寶石」美名的日本玻璃蝦。壽司料需使用到10～13隻蝦子。為了充分享用日本玻璃蝦的甘甜滋味，搭配少量魚子醬添加鹽味。最後再擠上酢橘汁讓風味更加爽口。

日本玻璃蝦

紋ずし

東京・祐天寺

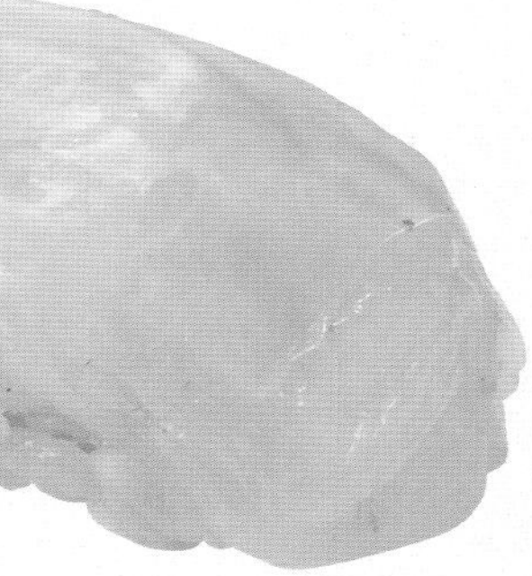

近年開始在市面上流通的日本玻璃蝦是聞名遐邇的富山灣特產。特色在於本身帶有甘醇甜味，為充分運用這股甜味，以昆布漬的手法適度去除一些水分並吸收昆布鮮味後，捏製成握壽司。因為高湯昆布鮮味過於濃郁，所以選用白板昆布裹住蝦肉，靜置兩天左右。黏滑的蝦肉口感也相當受到歡迎。

甜蝦

鮨 いしばし

大阪・茨木市

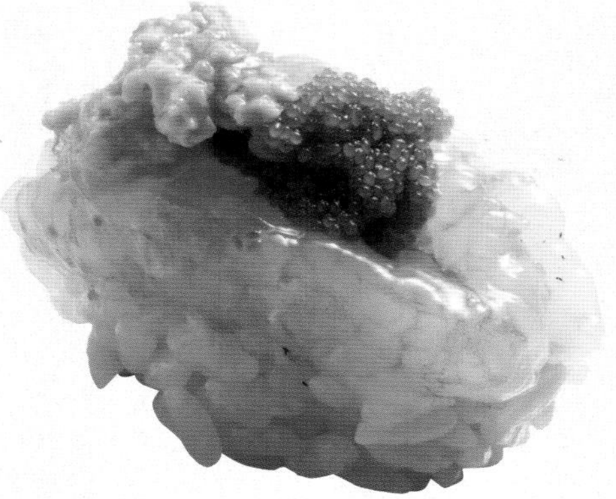

為享用蝦肉獨有的黏滑口感而使用生蝦肉捏製壽司。點綴在最上面的是甜蝦卵與蝦膏。此處的蝦膏是從甜蝦頭取出蝦膏略做過濾，再經氽燙略做凝固而成。甜蝦多使用日本海捕撈而來的漁獲（採訪當下為福井縣三國產）。

甜蝦

江戸前・創作 さかえ寿司

千葉・稻毛海岸

剝除甜蝦的外殼，仔細處理過後再捏製成型。甜蝦的蝦膏加入煮切醬油和檸檬汁混拌均勻，煮到略為收汁來帶出鮮蝦的鮮味與甜味。擺放到甜蝦上面。最後再擠上酢橘汁，讓風味更顯清爽。

海草蝦（短溝對蝦、熊蝦）

鮨 美菜月

大阪・北新地

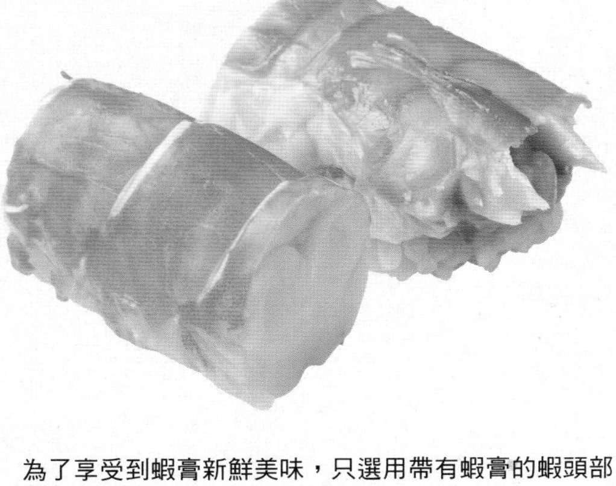

為了享受到蝦膏新鮮美味，只選用帶有蝦膏的蝦頭部位來捏製成壽司，蝦肉部分也作為配菜直接端上餐桌。由於蝦膏會隨著時間的消逝風味漸損，所以進貨以後立刻先氽燙再冷藏。取出靜置1小時恢復室溫再做捏製。

蟹肉海膽飯

代官山 鮨 たけうち

東京・代官山

在水煮北海道產毛蟹肉上面擺上鹽水馬糞海膽。海膽上面再點綴上蟹膏與魚子醬，淋上煮切醬油。是一款不論外觀和食材都很奢侈的壽司。

毛蟹

鮨処 有馬

北海道・札幌市

燙煮好的毛蟹肉撕成細絲，混入蟹膏再捏製成握壽司。作為唯有在北海道才吃得到的壽司來吸引顧客。壽司的米飯使用秋田小町米。點綴上最適合佐搭北海道海產壽司料美味的調味醋來做調味。

毛蟹

鮨 島本

兵庫・神戸市

使用北海道嚴選活毛蟹製作而成的握壽司。毛蟹用鹽水煮過以後撕成細絲，拌入醋凍擺放到壽司飯上面。做得略甜的特製醋凍能更好地帶出蟹肉的鮮味。擺放到容器裡頭，點綴上紫蘇花穗，妝點成看上去也相當賞心悅目的一道壽司。

松葉蟹

弘寿司

宮城・仙台市

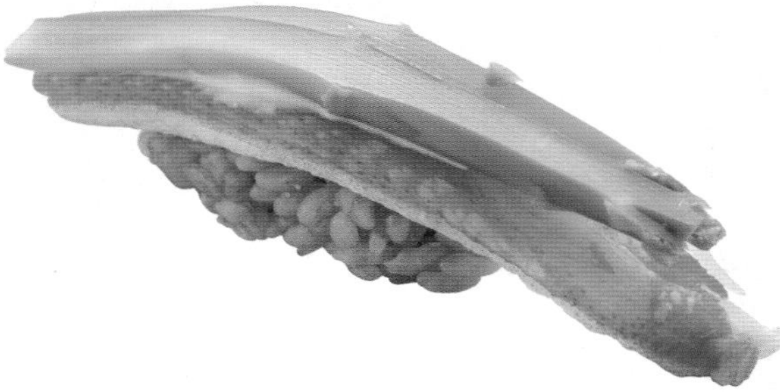

在松葉蟹腳肉上面擺上蘆筍薄切片。鮮紅與翠綠形成漂亮的顏色對比，味道也十分對味。松葉蟹和蘆筍之間擠上了自製美乃滋，發揮巧思迎合年輕族群的口味。

梭子蟹

弘寿司

宮城・仙台市

使用帶有清涼感的玻璃器品，搭配蟹螯做裝飾，在視覺上取悅顧客。壽司飯與梭子蟹肉盛裝到玻璃小碗裡提供，讓顧客自行擠上酢橘汁享用。從衛生方面考量，使用先冷凍過一遍的梭子蟹。

毛蟹

すし屋のさい藤

北海道・薄野

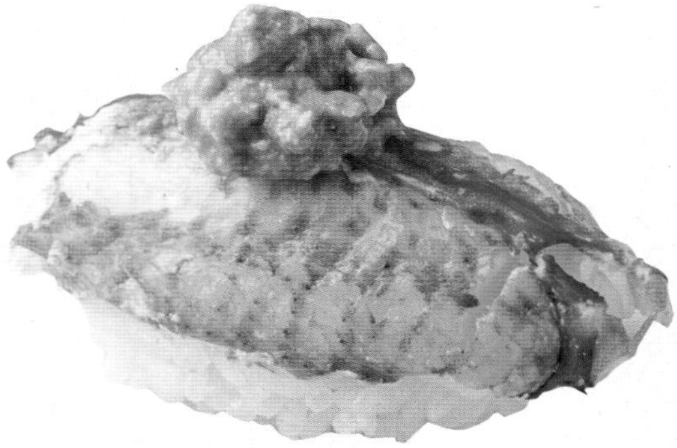

這是一款在來北海道就是要吃螃蟹的顧客之間十分受到歡迎的壽司料。使用產地現場水煮過的毛蟹肉捏製成形，點綴上蟹膏，製作出能一次性享用到蟹肉甘甜與蟹膏濃郁風味的握壽司。

香箱蟹

鮨 島本

兵庫・神戸市

使用到香箱蟹肉、蟹膏、蟹黃的一道奢侈美味。拌入壽司飯裡，以煮切醬油與酢橘汁調味後，塑型成一口大小，佐附上花椒芽。完成一道完全濃縮螃蟹美味的壽司。自香箱蟹可捕撈的11月起的近兩個月期間供應。

海膽・鮭魚卵・鮮味握壽司

雖然海膽與鮭魚卵多以製成軍艦壽司供應的壽司店為主流，但時至今日，也發展出了做成握壽司或盛放到小缽裡做提供的全新魅力。鮟鱇魚肝或鱈魚子一類珍饈類壽司更是透過在供應方式與調理方式展現的各種巧思來博得顧客歡心。

海膽

鮨 美菜月
大阪・北新地

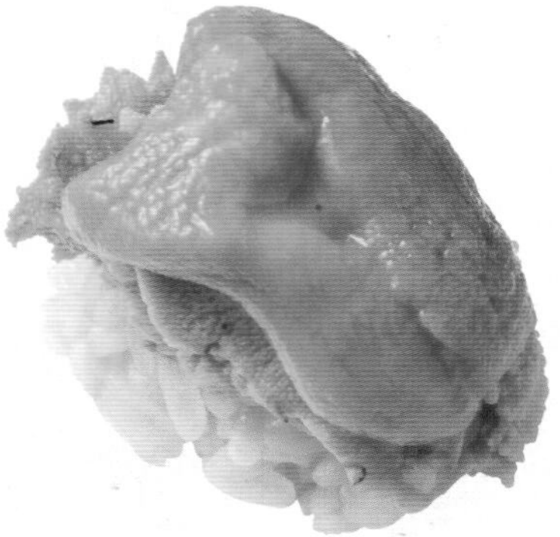

該店之內時常備有4種海膽，夏季則約有8～9種。此處選用甘醇濃郁的北海道產馬糞海膽與風味強烈的德島產紫海膽兩個種類做搭配。在味道上做出互補的同時，完成這道更加更具魅力的美味壽司。

海膽

鮨 ふるかわ
東京・六本木 麻布霞町

整個盤子上面撒上了現磨岩鹽，是一道非常適合拍照打卡的壽司。透過海膽與岩鹽的搭配，帶出海膽本身具有的甘甜鮮味。岩鹽使用的是富含礦物質與鐵質，又不會太死鹹的安地斯山岩鹽。

海膽

鮨処 ともしげ
宮城・仙台市

攝影當下為使用北海道產方盒馬糞海膽製作而成的軍艦壽司。夏季則會使用當地紫海膽，從殼裡取出海膽拌入壽司飯，再裝回海膽殼中，稍微淋上醬油來享用，是一款非常受歡迎的壽司。

海膽

都寿司本店
東京・日本橋蠣殼町

會依據海膽的狀態來製作壽司，大瓣飽滿的海膽會捏成握壽司，形狀有些散掉的海膽則用來製作成軍艦壽司。採訪當下為北海道產馬糞海膽。鮮豔的金黃色澤著實美麗。

海膽

すし崇

長野・長野市

以曾經修業的壽司店的「翡翠壽司捲」形式提供海膽壽司。用小黃瓜捲包起壽司飯，再在上面擺放海膽。削去小黃瓜的外皮去除草腥味的同時更加帶出甜味，也更能襯托海膽的香氣。充分享受海膽滑順口感與小黃瓜的爽脆所形成的鮮明對比。

筋子（帶膜鮭魚卵）

代官山 鮨 たけうち

東京・代官山

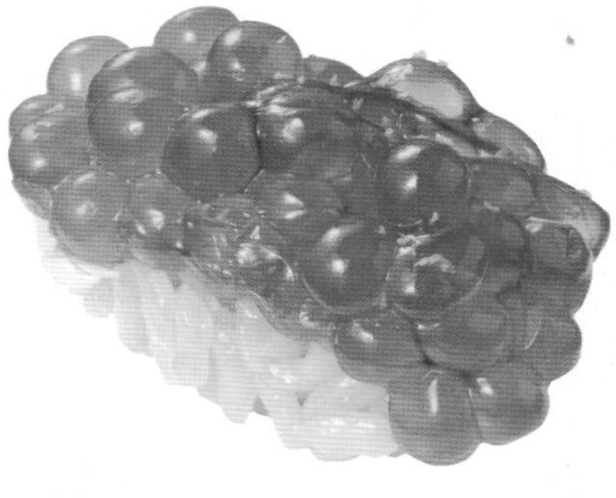

該店視依季節調整菜單內容的代表性握壽司菜品之一。帶膜鮭魚卵鹽漬1小時再刷上煮切醬油，自上而下撒上現磨香橙皮屑。製作成濃郁中又帶了點清爽的好滋味。

鮭魚卵

鮨 美菜月

大阪・北新地

製作成鮭魚卵版溫泉蛋的蒸壽司。是在成功活用日本料理的烹調手法，用昆布高湯除去鮭魚卵腥味時想出來的一道菜品。由於也能藉由提高溫度消除腥味，所以做成了蒸壽司來供應的這道壽司。

鮭魚卵

江戶前・創作 さかえ寿司

千葉・稻毛海岸

壽司飯加上融化的有鹽奶油，接著淋上少許醬油調配成醬香奶油風味，再在上面盛上大量北海道根室產鮭魚卵的小碗丼飯。鮭魚卵上面點綴少許山葵泥後端盤上桌。

鮭魚卵

鮨 島本

兵庫・神戶市

剝除帶膜鮭魚卵上的薄膜時，不使用熱水也不怎麼用水地以手指輕輕撥下鮭魚卵，活用鮭魚卵本身風味的同時，以3%濃度的鹽水醃泡鮭魚卵來帶出黏滑口感。最後刷上煮切醬油，撒上現磨香橙皮屑增添香氣。偏好使用北海道中標津町「川村水產」的帶膜鮭魚卵。

鮭魚卵

すし崇

長野・長野市

將放到「味噌溜」裡醃漬後，帶著馥郁香氣的鮭魚卵製作成軍艦壽司。醃泡液裡除了味噌溜以外還添加了日本酒、昆布及飛魚高湯。採訪當下為浸泡兩週的鮭魚卵。該店用到的魚料自日本全國各地選購，味噌溜與核桃醬油等調味料則使用在地名產。

鮟鱇魚肝

代官山 鮨 たけうち

東京・代官山

茨城縣近海捕撈到的鮟鱇魚肝用鹽醃漬過後，和略甜的滷煮汁一起放到蒸煮器具裡蒸煮。重點在於低溫慢蒸且不完全蓋緊蒸蓋。奢侈地取用16g切片來捏製握壽司。

鮟鱇魚肝

鮨 ふるかわ 麻布霞町

東京・六本木

壽司飯拌入醃黃蘿蔔、調味柴魚片、飛魚卵後，擺到鮟鱇魚肝上面，淋上柑橘醋。鮟鱇魚肝在下、壽司飯在上的擺法，能讓顧客在壽司飯下肚之後，接著把鮟鱇魚肝當作下酒菜來享用。

鮟鱇魚肝

鮨 島本

兵庫・神戸市

會作為下酒菜或做成軍艦壽司供應的壽司料。偏好使用北海道余市產鮟鱇魚肝。魚肝經過去腥處理以後，煮成甜鹹風味。最後再刷上調味醬汁，撒上現磨香橙皮增添香氣。當黏滑又綿密的鮟鱇魚肝美味在味蕾中擴散開來，眼睛也會不由為之瞪大。

河魨白子（魚膘）

博多たつみ寿司 総本店

福岡・中洲川端

使用25g虎河魨白子。白子放到醬油加酒調製而成的醃漬醬醃漬2小時。在白子與壽司飯之間擺上海苔，以此帶出白子綿密滑順風味的同時，撒上鴨頭蔥再點綴上柑橘醋蘿蔔泥與辣味蘿蔔泥，在濃郁風味中增添清爽味覺。

鱈魚子握壽司

御鮨処 田口

神奈川・川崎市

採訪當下使用的是北海道噴火灣產黃線狹鱈魚。在鰹魚柴魚與真昆布熬煮出來的高湯裡，添加淡口醬油與味醂滷煮鱈魚子。捏成握壽司之前先做一番塑型會更易於捏製。

星鰻握壽司

有不少壽司店都將充滿代表性的醬煮星鰻壽司料拿來當作自家拿手招牌或特色菜品。運用獨自的滷煮配方，發揮出不同的個性。搭配調味醬汁或鹽味較為常見，但也會透過點綴不同的調味佐料增添變化，或採用生鮮星鰻做壽司料等作法，創作出豐富多元的風味變化。

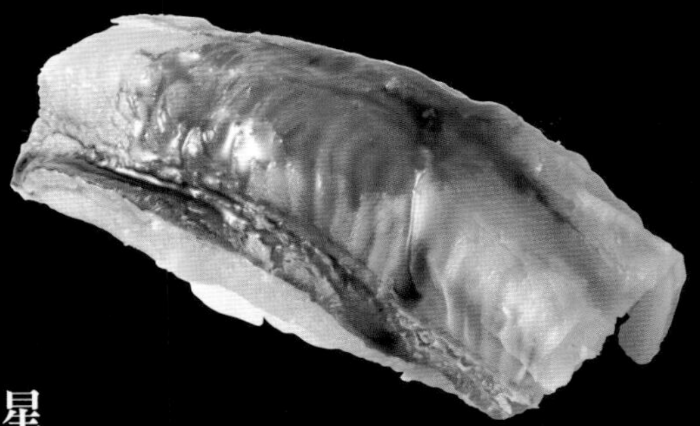

星鰻

都寿司本店

東京・日本橋蠣殼町

使用江戶前小鰭星鰻。滷汁使用醬油、味醂、酒與砂糖稍微煮過的醬汁。接到顧客點單以後重新加熱捏製成形，最後再依顧客喜好刷上調味醬汁或撒上鹽巴做調味。為避免滷汁煮到最後煮出腥味，不採取添補醬汁的做法，而是每次要用的時候重新調配。

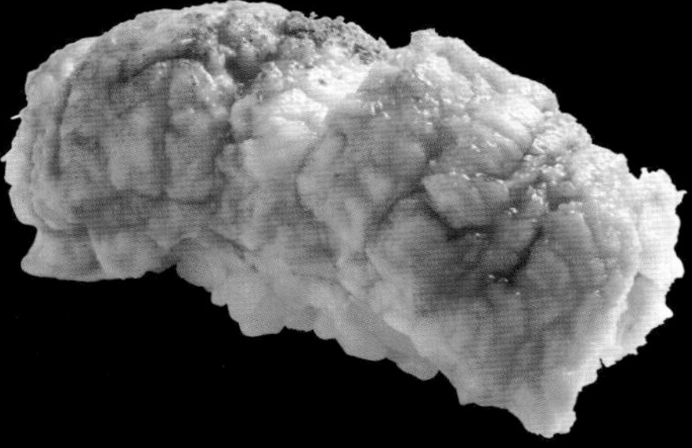

星鰻

鮨 島本

兵庫・神戸市

「因為脂肪含量完全不同」的堅持，所以嚴格選用對馬近海的星鰻。採用先以薄鹽高湯滷煮，供應前再分別燜蒸、炙烤的三道工序烹調手法。刷上以星鰻滷煮汁製作而成的調味醬汁，撒上山椒再做提供。

星鰻

弘寿司

宮城・仙台市

星鰻脂肪率一高，外皮就會顯黑。故而選用富含脂肪的黑皮星鰻，再以酒、鹽、味醂與烤過的脊骨稍做白滷。鰻魚頭一側稍微炙燒過後再捏製成握壽司，富含鮮味的尾側則不經炙烤直接捏製成握壽司提供。

星鰻

鮨 かの

東京・一之江

店內的人氣菜品。從築地的星鰻專售店選購富含脂肪的「上等星鰻」。先仔細烹煮，再在供應前用備長炭炙烤出香氣。切成兩半刷上調味醬汁，一半點綴山葵泥、另一半撒上山椒來享受雙重美味。

星鰻

鮨処 ともしげ
宮城・仙台市

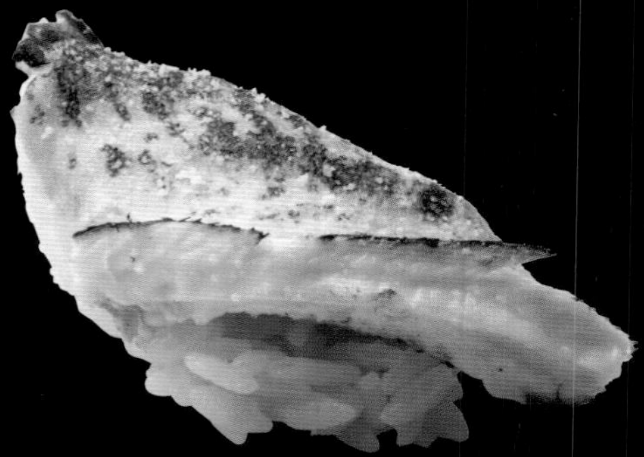

為了能夠品嚐到食材本身的美味，用醬油、味醂與酒調製出風味清爽的滷煮汁。星鰻的滷煮汁會冷凍起來，方便下次煮星鰻的時候可以再做使用，以此累加鮮味。炙燒帶來的香氣也加倍提升了星鰻本身的美味。

醤煮星鰻

博多たつみ寿司 総本店
福岡・中洲川端

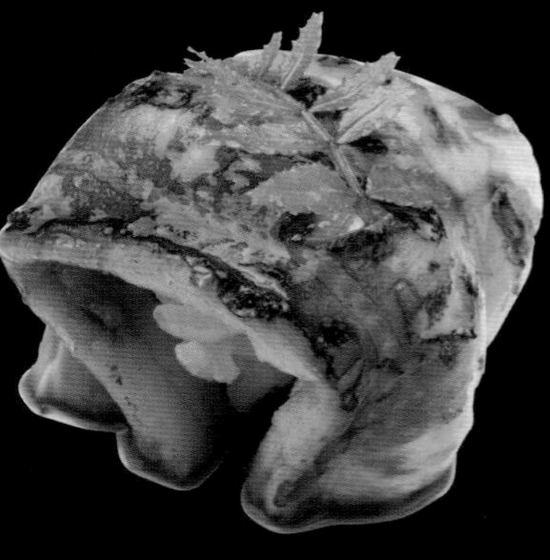

奢侈地用到了半條星鰻。採訪當下一貫壽司使用長約12cm的星鰻，用裹住壽司飯的方式捏製成形。星鰻在做供應之前會略為炙烤表皮，以此增添香氣。最後再點綴上花椒芽。

炙燒星鰻甜蝦泥

御鮨処 田口
神奈川・川崎市

在醬煮星鰻上面抹上一層甜蝦泥，放入烤箱烘烤3分鐘。甜蝦泥裡混入淡口醬油、砂糖、酒做調味。烘烤過後點綴上甜蝦卵，用噴槍炙燒上色。

米麴漬星鰻

御鮨処 田口
神奈川・川崎市

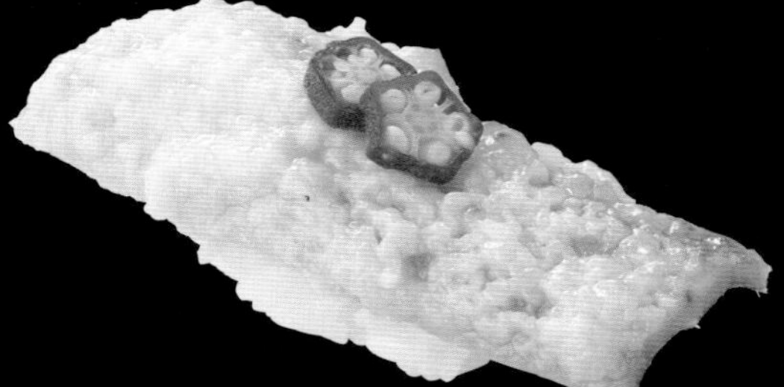

使用神奈川當地小柴港捕撈到的星鰻，切開後以水洗冰鎮的方式洗去黏液，生鮮狀態下以米麴醃漬一晚。供應前以烤箱烘烤加熱至表面微焦上色。點綴秋葵增添色彩。

生星鰻

鮨 巳之七
福岡・薬院大通

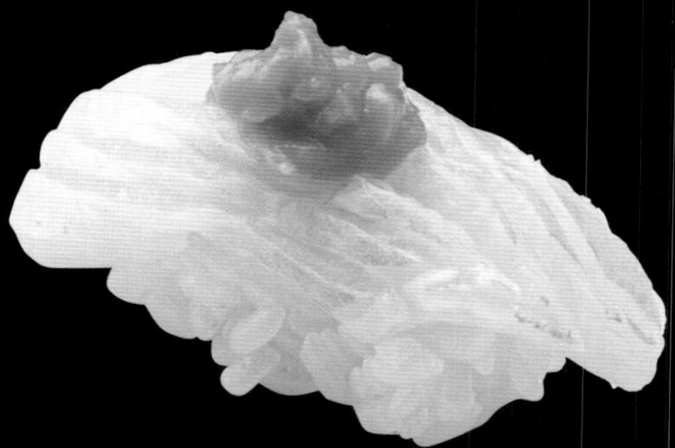

採訪當下使用的是多達500g的姪濱產星鰻。對於鮮度極其講究，使用捏製前數小時都還活著的生鮮星鰻。點綴上在鯛魚內臟鹽辛[17]與鰹魚酒盗[18]裡拌入蛋黃製作而成的「酒盗佐料」。

生星鰻

博多たつみ寿司 総本店
福岡・中洲川端

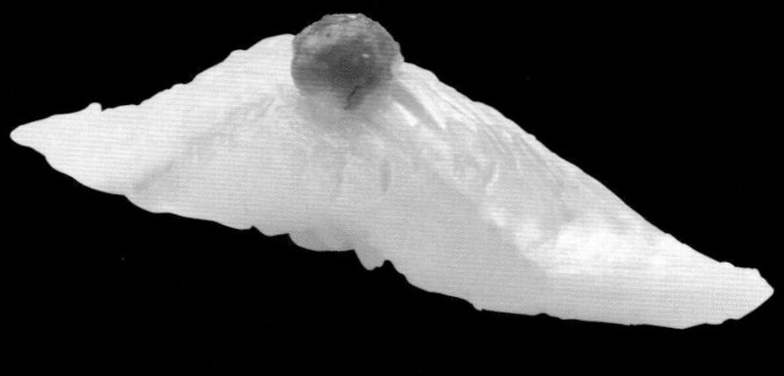

使用當天早上現捕撈到的生鮮星鰻。點綴上剁碎後用鹽巴和酒熟成一週的「鯛魚鹽辛」。

17　鹽辛：塩辛。以鹽醃漬蝦、章魚等海鮮或海鮮內臟，再藉由該食材自帶的微生物發酵而成的發酵食品。
18　酒盜：鰹魚、鮪魚等魚類內臟經鹽味調料醃漬與發酵熟成的鹽漬品。據説因為非常下酒，甚至會令人萌生偷酒來喝的想法而得此名。

玉子燒壽司

很多顧客會用品嚐甜點的感覺來享用帶有甜味的玉子燒。大致可以分類成加入魚肉泥等配料製作而成的傳統薄玉子燒，和加入高湯製作而成的厚煎玉子燒。從中增添變化或改變傳統烹調手法提高整體魅力。

玉子燒壽司卷

すし崇

長野・長野市

用江戶前玉子燒手法製作而成的壽司卷。干貝、鯛魚、周氏新對蝦攪打成泥以後拌入蛋液之中，再透過江戶前玉子燒運用炭火遠紅外線的手法煎製成型。遇到顧客裡有小孩的狀況則會製作成壽司卷再做供應。

千層玉子燒

御鮨処 田口

神奈川・川崎市

該店開發出了這道堪稱「真正的甜點」的壽司。在蛋液裡加入蘋果泥，還有砂糖與淡口醬油做調味。再在煎好的玉子燒側面劃上刀痕，夾入水果切片。採訪當下為草莓與奇異果。壽司飯則是填到蛋白霜之下。

玉子燒

都寿司本店

東京・日本橋蠣殼町

外型如同馬鞍般漂亮的玉子燒，是根據傳統製法，在蛋液裡混入魚肉泥與蝦肉泥，充分攪拌均勻後花費時間慢火煎製而成的成品。慢火煎製出來的玉子燒切並捏製成馬鞍狀的握壽司，再對半分切成易於食用的一口大小。其恰到好處的甜味十分適合用來當作收尾壽司。

玉子燒

代官山 鮨 たけうち

東京・代官山

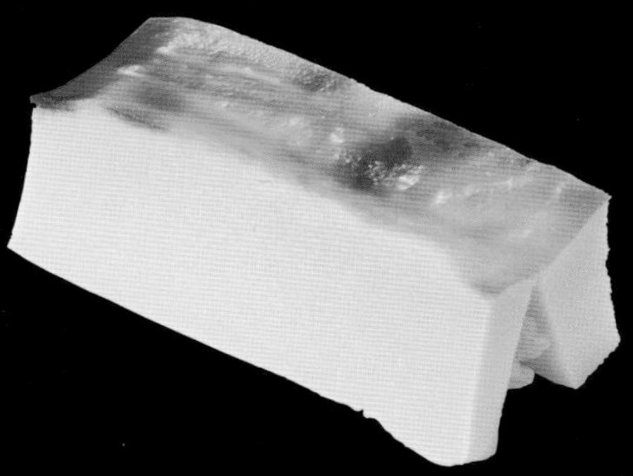

安排在套餐最後，以甜點的感覺來享用的一道握壽司。由於採用銅板慢火煎熟的方式煎製，所以能製作出狀如舒芙蕾的滑嫩口感。同時還以炭火烘烤表面一小時，形成漂亮的微焦烤痕，在下方填入壽司飯。

厚煎玉子燒

博多たつみ寿司 総本店

福岡・中洲川端

玉子燒僅簡單使用醬油與砂糖做調味。順著玉子燒分層劃入刀痕，在中央處斜切開來做裝飾。下方劃開少量填入壽司飯，用海苔捲包起來。對半分切再做供應。

貝類握壽司

可以拿來作為壽司料的貝類種類繁多。除了赤貝、象拔蚌、中國蛤蜊、干貝、鮑魚……這類耳熟能詳的貝類之外，日本全國各地還有許許多多特色獨具的貝類，每一樣都很受歡迎。生鮮、炙燒、滷煮……等，享用的方式也多不勝數，妙趣橫生。

赤貝

鮨処 ともしげ

宮城・仙台市

將來自宮城縣閖上地區的赤貝分成貝肉與裙邊，分別拿來製做成握壽司與軍艦壽司。貝肉邊緣劃上漂亮的裝飾刀痕，充分享用貝肉的彈牙口感。裙邊軍艦壽司使用九州有名海產的鬆軟海苔。點綴少許蔥花增添香氣。

赤貝

弘寿司

宮城・仙台市

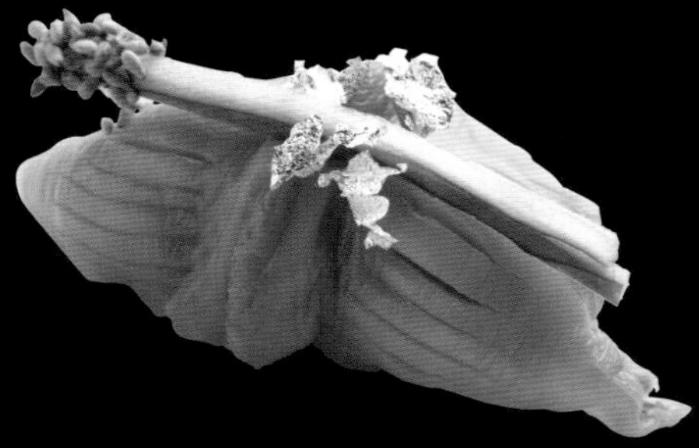

使用香氣馥郁的赤貝，大致沾裹上一層淡鹽高湯醬油以後捏製成握壽司。擺放上小黃瓜絲與白芝麻作為重點裝飾。該店的壽司飯備有添加甜味的白醋與不帶甜味的紅醋兩種壽司醋，赤貝壽司飯搭配的是白醋。最後點綴銀箔更顯繽紛。

干貝

鮨処 有馬

北海道・札幌市

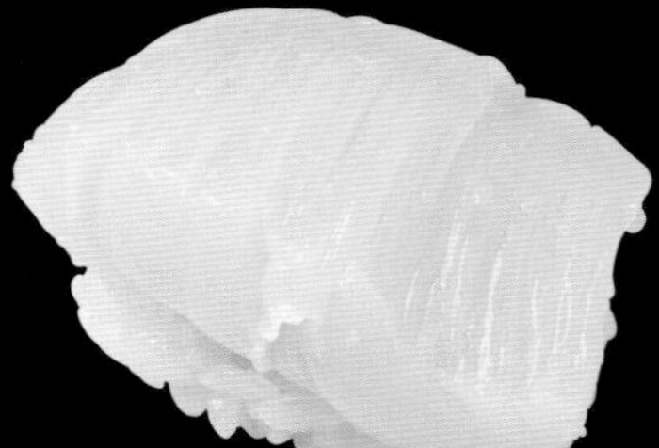

廣為人知的北海道野付產天然干貝特產。徒手撕開干貝捏製成握壽司。每貫壽司使用撕成一半的大顆干貝，並透過在壽司飯與干貝之間夾上海苔，進一步帶出干貝肉質厚實的美味。

醬煮干貝

都寿司本店

東京・日本橋蠣殻町

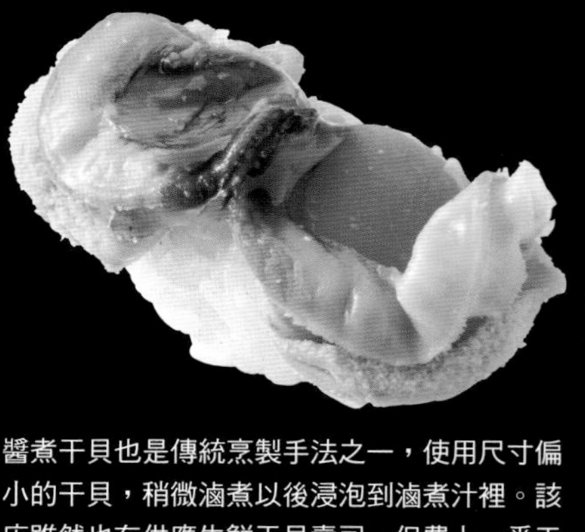

醬煮干貝也是傳統烹製手法之一，使用尺寸偏小的干貝，稍微滷煮以後浸泡到滷煮汁裡。該店雖然也有供應生鮮干貝壽司，但費上一番工夫製作出來的醬煮干貝也得到不少人的喜愛。醃漬好的干貝橫向對半分切開來捏製成握壽司，刷上調味醬汁再做供應。使用青森縣陸奧產干貝。

現擠酢橘干貝

独楽寿司

東京・八王子市

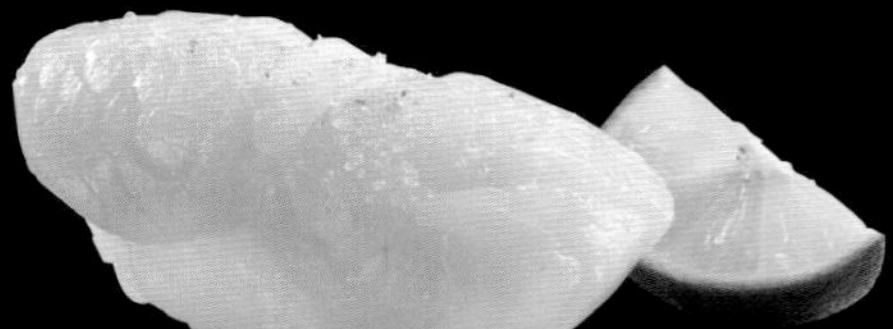

店家是基於想創作出類似義式生牛肉冷盤（Carpaccio）的壽司，因而創作出這道淋上現擠酢橘汁，以呈現原汁酸味的握壽司。經過多方錯誤嘗試才終於發現，新鮮酢橘汁更能帶出干貝的鮮甜美味。也是一道能充分烘托美酒美味的高人氣下酒菜。

※現未販售。

醬煮鮑魚

博多たつみ寿司 総本店

福岡・中洲川端

使用來自九州玄海灘，取用量約13g的鮑魚。放到濃口醬油、砂糖、酒、味醂的滷煮汁裡，低溫慢煮5小時。供應前再多上一道於表面劃上細密刀痕的工序，讓刷上的調味醬汁更好入味，也更易於食用。

鮑魚佐海膽

弘寿司

宮城・仙台市

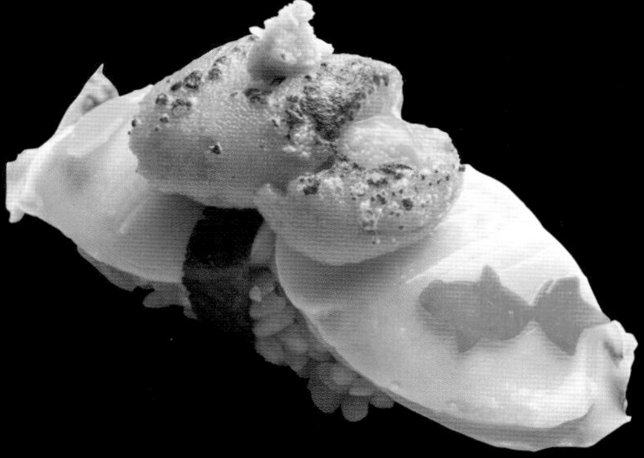

選用宮城縣產蝦夷鮑（エゾアワビ）。使用不添加紅醋的壽司飯捏製成形，再在上方的海膽上面撒上鹽巴。有感於震災過後鮑魚體型縮水，這才想出在海裡跟鮑魚一樣都吃海藻的海膽來彌補不足之處。因為異常對味而成為經典菜品。

鮑魚

江戸前・創作 さかえ寿司

千葉・稻毛海岸

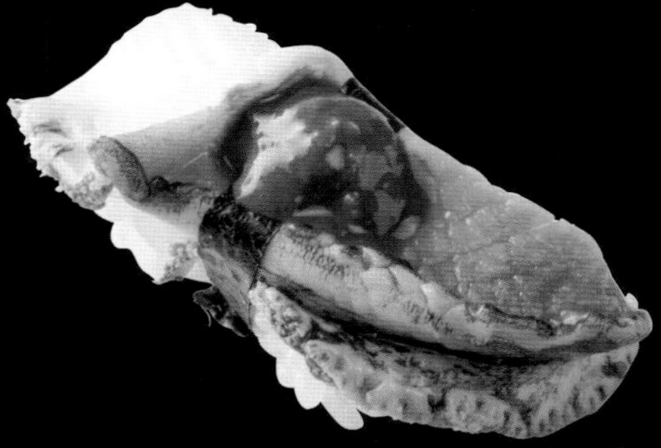

使用北海道產蝦夷鮑。鮑魚劃上細密刀痕再捏製成形。鮑魚肝、北海道產白味噌、土佐醋混拌均勻，點綴到鮑魚上面。為了讓壽司更方便食用，用兩片細海苔捲包起來再做供應。

蒸鮑魚

キヨノ

福岡・福岡市

鍋中舀入以香菇和昆布熬煮出來的高湯，煮滾以後放入鮑魚煮上2分鐘。分切成片狀擺放到壽司飯上面用力壓實，點綴上一起煮好的鮑魚肝和海苔佃煮[19]。

烤壽司〔鮑魚・蒸蝦・海膽〕

弘寿司

宮城・仙台市

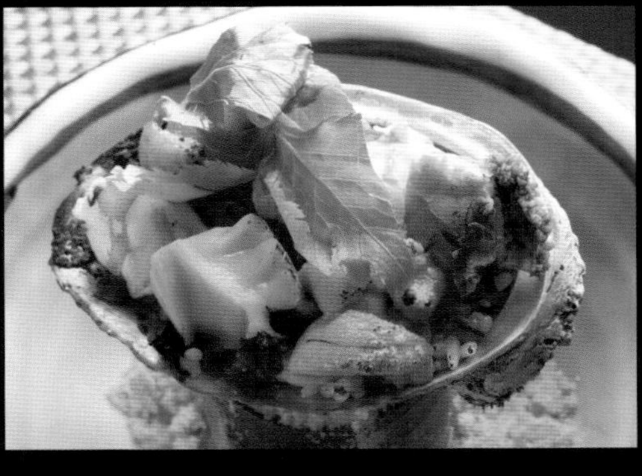

想讓常客品嚐一下稍微有些與眾不同的壽司時，才會製作的一道菜品。鮑魚殼裡盛上拌入醃芥菜的壽司飯，擺上鮑魚、蒸蝦、海膽，炙燒出焦香色澤，之後再淋上少許醬油。

19　佃煮：主食材放入醬油、糖、味醂等混合而成的調味液裡，慢慢熬煮至水分收乾的烹調手法。

醬煮文蛤

都寿司本店

東京・日本橋蠣殼町

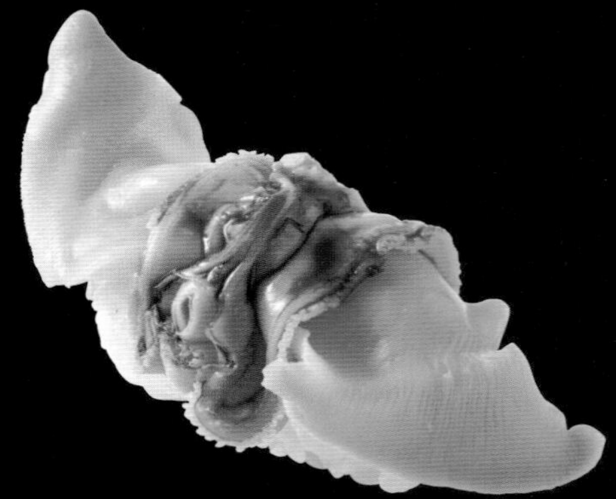

傳統醬煮壽司料之一。使用肉質飽滿厚實的文蛤肉，為避免把蛤肉煮得太硬，大致滷煮一下就放到滷煮汁裡「醃泡入味」。採用跟星鰻、干貝差不多配比的滷煮汁，醬油、味醂與酒維持相同比例，僅調整砂糖甜度。

醬煮文蛤

鮨 いしばし

大阪・茨木市

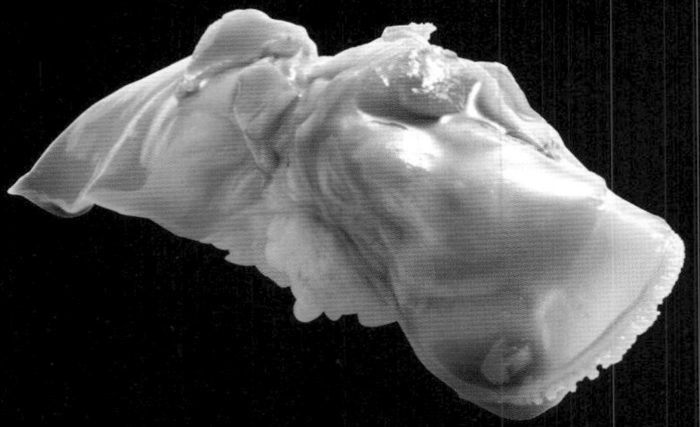

在文蛤的滷煮汁裡添加淡口醬油、砂糖與料理酒，製作出醃泡用的高湯醬汁，放入煮到半熟的文蛤浸泡一晚。採取一點一點慢火加熱的作業，避免把文蛤肉煮得太硬。最後刷上調味醬汁再做供應。

醬煮文蛤

鮨 島本

兵庫・神戸市

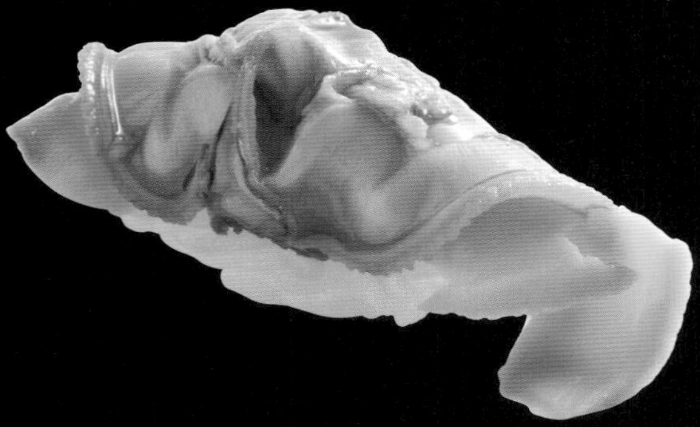

為避免肉質變得乾柴所以不完全煮熟，透過放到用文蛤滷煮汁製作而成的溫熱醃泡液裡醃泡幾個小時的方法，加熱文蛤肉。在壽司飯上面撒上香橙皮末屑，以此讓壽司吃起來還帶了股香橙香氣。於供應前刷上調味醬汁。

文蛤

すし崇

長野・長野市

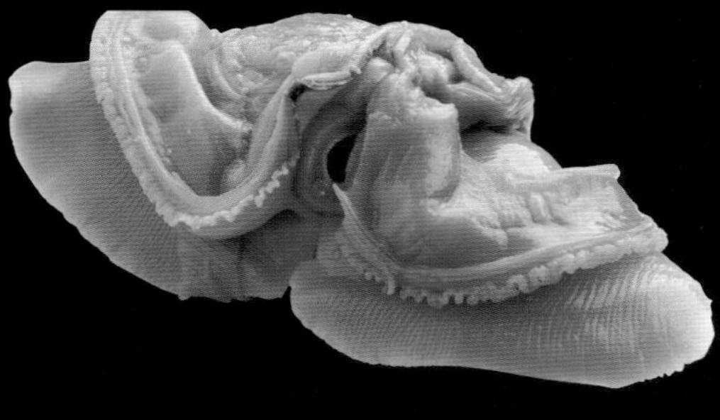

使用茨城縣鹿島灘的天然文蛤，以蒸烤爐（Steam convection oven）進行烹調，「製作出前所未有的口感」。用等比例的日本酒與水燙煮以後，利用蒸烤爐烹調30～40分鐘，用低溫慢慢加熱。

文蛤

弘寿司

宮城・仙台市

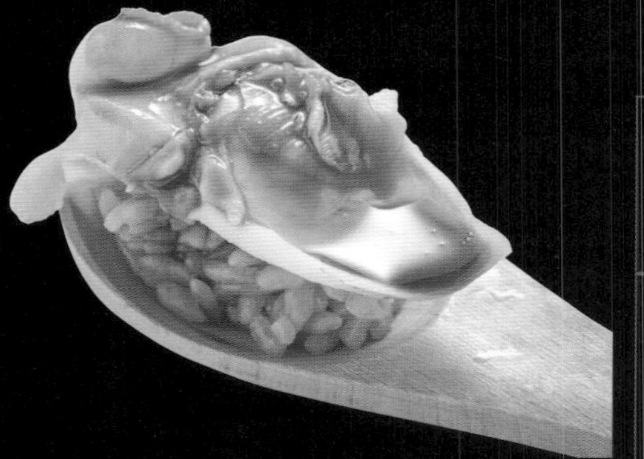

文蛤不滷煮，而是在烤過以後淋上醬汁，享受烤文蛤才有的美味口感。因為無須增添海苔香氣，所以不製成軍艦壽司，直接盛放到木杓上面供應。

附湯文蛤壽司

紋ずし

東京・祐天寺

基於「想提供不做醃漬且處於溫熱狀態的文蛤」的想法，收到點單之後先簡單滷煮過一遍再捏製成握壽司。燙煮文蛤的滷煮汁使用加入酒與鹽巴的高熱。在吸收了文蛤精華的高湯裡加入蘘荷、蘿蔔嬰、香橙皮屑末後盛入小湯碗裡，搭配壽司一起提供。現煮文蛤肉顯得十分飽滿，趁熱捏製成握壽司，刷上調味醬汁。毫不保留品嚐文蛤美味的出發點讓這道壽司相當受到歡迎。

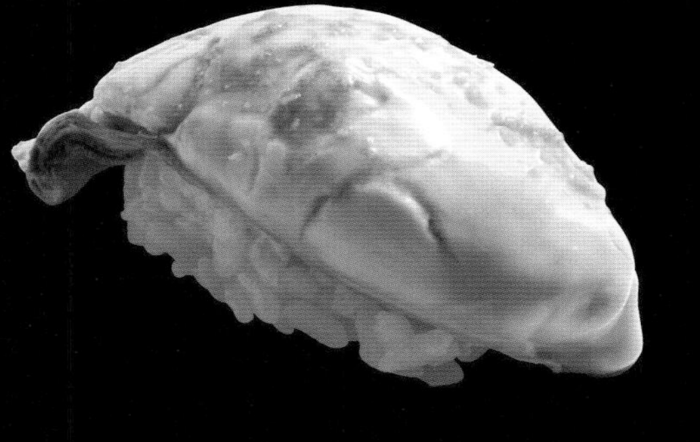

煮牡蠣

鮨 いしばし

大阪・茨木市

採用浸煮而非蒸煮的方式，避免把牡蠣煮得太老。使用加熱食用的牡蠣，藉由澆淋熱水四次的作業，營造出接近生牡蠣入口即化的口感。撒上現磨香橙皮屑，擠上酢橘汁，刷上煮切醬油再做供應。採訪當下為北海道仙鳳趾產。

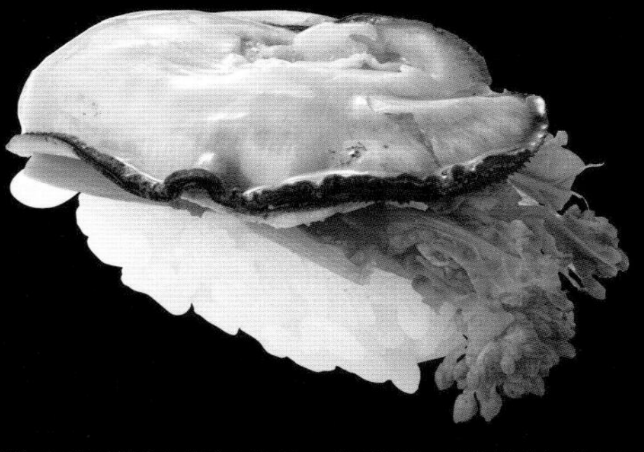

牡蠣油菜花

御鮨処 田口

神奈川・川崎市

能夠充分感受春天氣息的一道壽司。整顆北海道產牡蠣和白酒一起燜蒸，切成一半捏製成握壽司。牡蠣肉會隨燜蒸時間拉長而逐漸縮水，不過採訪當下為6分鐘。壽司飯跟牡蠣之間夾入鹽水汆燙，添加過調味的油菜花。

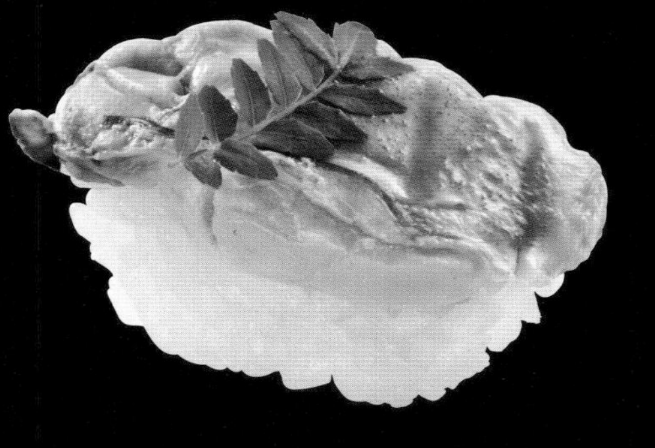

塔巴斯科辣椒醬蠔油牡蠣

独楽寿司

東京・八王子市

以塔巴斯科辣椒醬獨有的辣味與酸味，帶出日本國產蒸牡蠣鮮美味道的同時又能降低雜味的開創性組合。煮切醬油的甘醇與花椒芽的香氣交織出風味更顯多層次的海鮮壽司。

※現未販售。

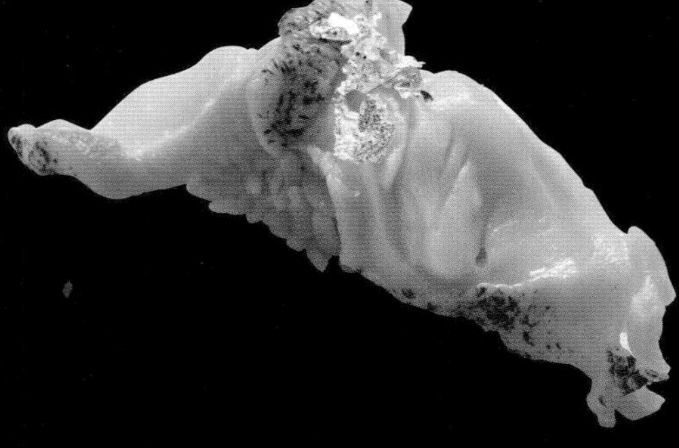

螺貝

弘寿司

宮城・仙台市

使用北海道產「螺貝」（ミヤツブ）。同樣是螺貝，「北海道螺貝」吃起來雖然不太容易咀嚼，但能享用到肉質緊緻彈牙而充滿嚼勁的口感。希望增加奢華感的時候，會點綴上銀箔而非金箔。

中國蛤蜊

都寿司本店

東京・日本橋蠣殼町

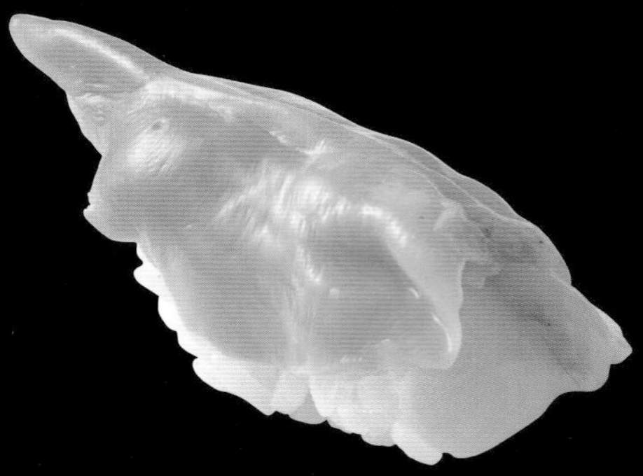

中國蛤蜊素來便以獨特的海潮氣息與貝肉特有的嚼勁而為人所喜。用醋大致涮洗一遍去除腥味，提高蛤肉香氣。調整蛤肉前端的形狀，讓整個壽司看上去鮮度絕佳。

牛角江珧蛤

すし崇

長野・長野市

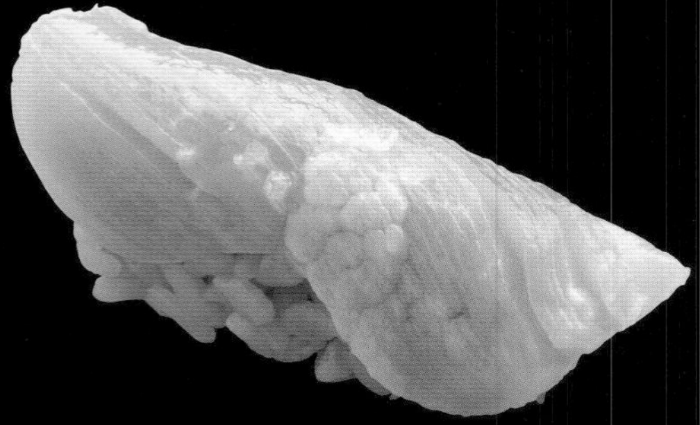

愛知縣知多半島產牛角江珧蛤。嚴格挑選新鮮生蛤。考慮到保存之際溫度太低不利於牛角江珧蛤存活，所以嚴格進行溫度管理，致力於讓每位顧客都能享用到最佳的口感與風味。以酢橘汁和鹽巴過後調味再做供應。

北寄貝火烤壽司

弘寿司

宮城・仙台市

壽司飯與壽司料盛放到貝殼裡面，連帶品嚐自下方火烤帶來的焦香美味。照片中為北寄貝，點綴櫻桃蘿蔔與山芹菜，在擺盤配色上也花費一番巧思。其他還提供章魚與鮑魚等食材的「火烤壽司」。

小干貝

鮨 島本

兵庫・神戸市

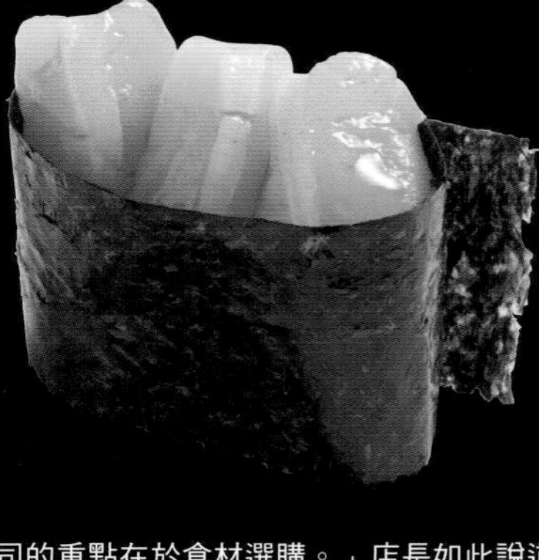

「這道壽司的重點在於食材選購。」店長如此說道。自北海道選購小干貝裡肉質最為厚實飽滿的「大星」品種。是一道可以從中享用到干貝彈牙肉質的軍艦壽司。

北寄貝

すし崇

長野・長野市

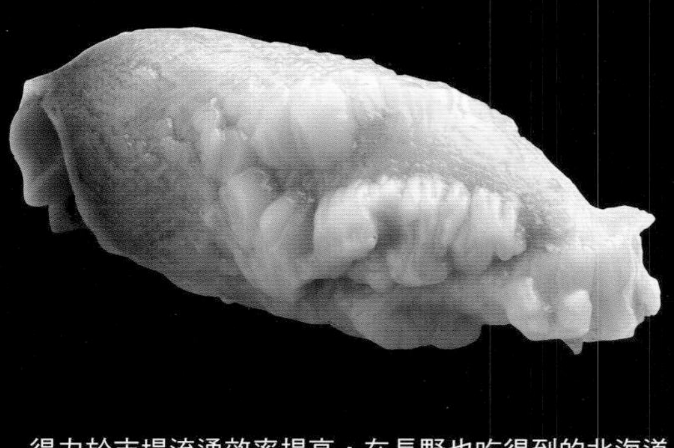

得力於市場流通效率提高，在長野也吃得到的北海道（採訪當下為苫小牧產）北寄貝。由於鮮度極佳，為避免減損鮮嫩肉質與海潮香氣，採用低溫加熱的方式製作成壽司料。該店壽司飯中使用紅醋。

其他握壽司

握壽司時刻隨著時代在進化。除了歷來的海鮮食材之外，還多出了鯨魚、牛肉、馬肉等各種肉類，市售蔬菜、山中野菜等全新食材的壽司料。甚至還出現了以蒟蒻米、豆渣飯等低醣食材取代原有壽司飯的低醣壽司。

鯨魚瘦肉

弘寿司

宮城・仙台市

使用鮮嫩鯨魚瘦肉捏製成握壽司。選用鯨魚裡體型偏小，適合拿來做成壽司又沒有鯨魚特有腥味的小鬚鯨肉。擺上白蔥絲搭配生醬油來享用這道清爽美味。

小鬚鯨

弘寿司

宮城・仙台市

選用鯨魚裡面較無特殊味道，初嚐鯨魚肉的人也容易接受的小鬚鯨。在上頭擺放淺漬過的日本山藥，藉由淺漬的步驟去除山藥的土味。此外還擺上醬醃生薑，進一步帶出鯨魚肉的鮮美滋味。

小鬚鯨

すし崇

長野・長野市

小鬚鯨肉在切成長條塊狀的狀態下，用熱水淋燙整體表面，放到醬油醃漬液裡浸泡至內部呈現多汁軟嫩的狀態，再拿來製作成握壽司。也會為了能夠充分享用軟嫩肉質而選用沒有硬肉筋的部位。

松露生馬肉

独楽寿司

東京・八王子市

活用義大利原產地松露醬風味的創意壽司。生馬肉選用帶有油花而素有「小霜」之稱的稀有部位。添加松露醬的創意改由「松露茶碗蒸」延續下去。

※現未販售。

雪花牛握壽司

紋ずし

東京・祐天寺

早在近來肉類壽司潮流盛行之前，金子弘之第二代店主就已在二十幾年前秉持「肉類適合做壽司」的想法推出牛肉壽司。目前選用牛脂甘甜而肉質軟嫩的前澤牛。採訪當下為肩胛板腱肉。以直火炙燒融化牛脂，讓牛肉和壽司飯更加對味。

生豆皮

キヨノ

福岡・福岡市

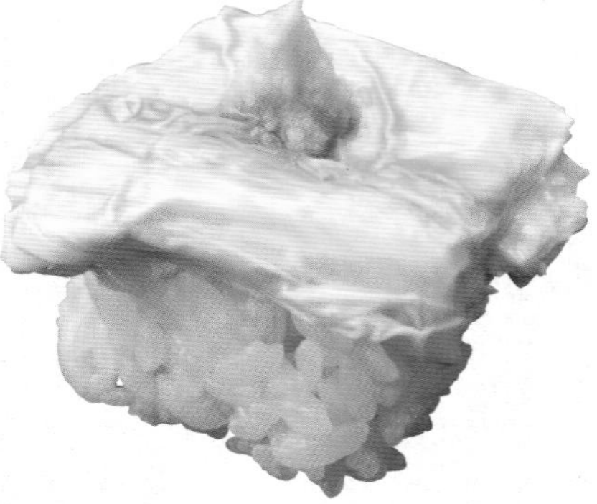

以生豆皮為壽司料的健康取向壽司。生豆皮擺放到壽司飯上面，刷上煮切醬油。點綴上山葵泥豐富視覺上的色彩變化。

昆布漬銀魚

鮨 美菜月

大阪・北新地

配合歌舞伎的「月色朦朧捕撈銀魚的……」科白[20]，使用朧昆布而非一般昆布的新潮壽司。銀魚放到3%濃度的鹽水裡浸泡過後，再用朧昆布包裹起來靜置一天。入味以後，和朧昆布一起捏製成形。使用青森產銀魚。

義式納豆軍艦

独楽寿司

東京・八王子市

可以享受到義大利產帕馬森起司濃郁風味的一道軍艦壽司。同為發酵食品的納豆能和起司產生美味共鳴，再搭配羅勒作為重點提味。為了更好地展現各項食材風味，以日本鵪鶉蛋取代美乃滋作為醬料加到軍艦之中。
※現未販售。

天婦羅握壽司

鮨かど

愛知・名古屋市

將高人氣的天婦羅運用到握壽司當中（左起為沙鮻天婦羅握壽司148日圓、蔬菜天婦羅握壽司88日圓、炸蝦天婦羅握壽司198日圓）。使用自行調配出來的麵衣配方炸出，即使放到壽司飯上面也依舊口感酥脆耐放的天婦羅成品。

20 科白：戲曲中角色的動作和言語。

昆布漬沙鮻

鮨匠 岡部

東京・白金台

濱名湖產風味清淡的沙鮻撒上鹽巴以後，裹上昆布醃漬幾個小時。魚肉中央劃上刀痕，點綴上蛋黃鬆。混入「ビューティー米（beauty kome）」蒟蒻米的低醣壽司飯和紅醋也十分對味。

日本對蝦

鮨匠 岡部

東京・白金台

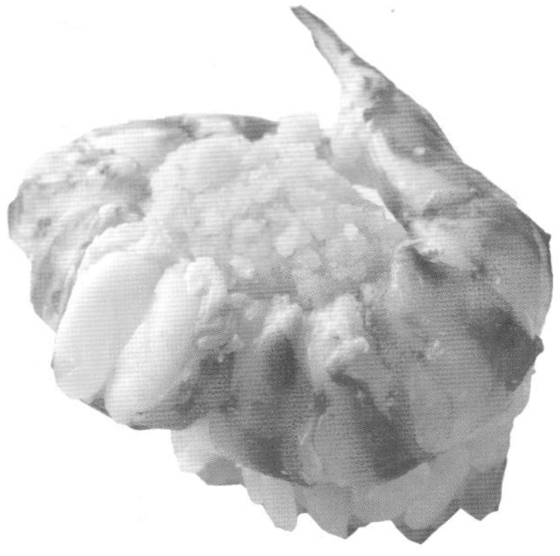

使用以鹽巴和甜醋緊實肉質的蜷縮蝦肉，並在中間點綴上香甜蛋黃鬆的「唐子づけ」傳統江戶前壽司技術。蛋黃鬆裡由周氏新對蝦泥、蛋黃、砂糖、味醂等食材混合煎炒而成。

口蝦蛄

鮨匠 岡部

東京・白金台

延續江戶前壽司技術，將燙煮好的口蝦蛄放到濃口醬油、味醂、砂糖、酒煮滾冷卻的調味液裡浸泡三至四天。相當罕見帶卵的口蝦蛄為岡山產。刷上調味醬汁再做提供。壽司飯為混入「ビューティー米」蒟蒻米的低醣版。

窩斑鰶

鮨匠 岡部

東京・白金台

以鹽巴去除多餘水分，再用醋緊實肉質並提升鮮味的窩斑鰶魚肉，中央劃開刀痕後點綴上蛋黃鬆。昆布漬壽司魚料和富含大豆蛋白質的豆渣醋飯非常對味。以10貫壽司提供2～3貫豆渣醋飯的比例做供應。

刺鯧

鮨匠 岡部

東京・白金台

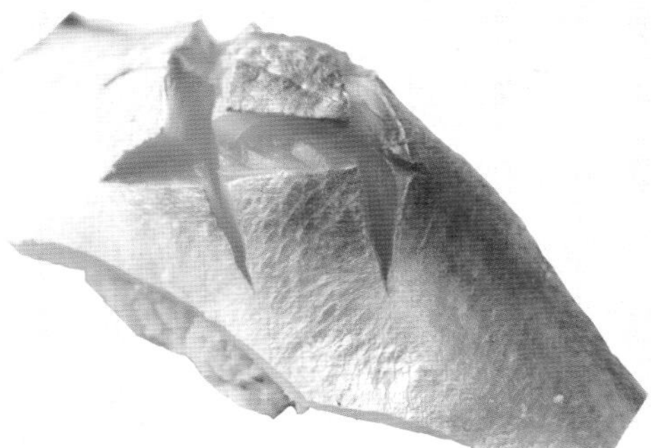

刺鯧分別用鹽與醋醬油各醃30分鐘緊實肉質後，在魚肉上面劃上可以看見魚肉的裝飾性刀痕。豆渣醋飯會口中散開，和略帶酸味的刺鯧鮮味融為一體。

豆皮壽司

鮨匠 岡部

東京・白金台

將由來已久的豆皮壽司改良為低醣版。在滷煮成甜鹹風味的豆皮裡塞入玉子燒，再填入豆渣醋飯整型成米俵狀。甜甜鹹鹹的豆皮和豆渣醋飯味道非常合拍。

紅彩椒握壽司

寿司割烹 山水

埼玉・埼玉市

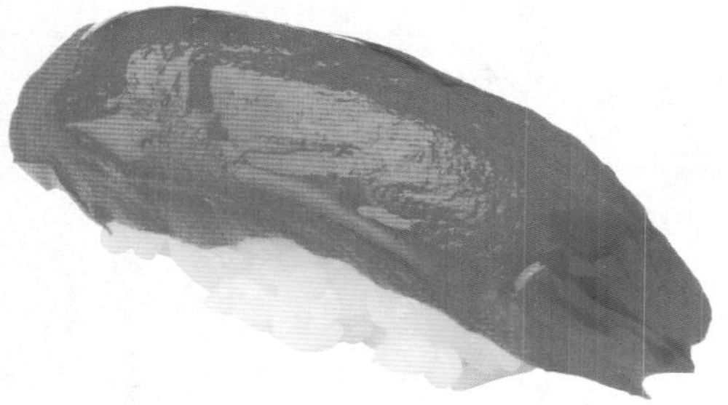

彩椒放到用醬油、砂糖、昆布高湯調製出來的「醬油高湯」裡燙煮進行事先調味，採訪當下大約燙煮3分鐘。煮之前一定要先去皮。

黃甜椒握壽司

寿司割烹 山水

埼玉・埼玉市

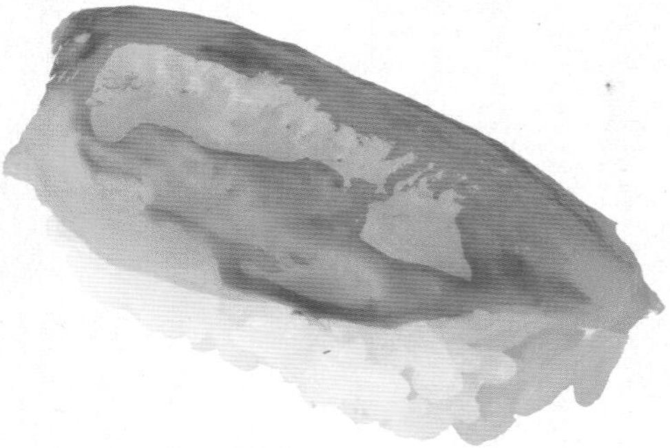

黃甜椒比照紅甜椒烹製並捏製成形。特色在於口感吃起來比紅甜椒還要柔軟滑嫩。

油菜花握壽司

寿司割烹 山水

埼玉・埼玉市

油菜花屬於歐洲蔬菜之一，為義大利原產油菜花。使用埼玉縣岩槻區栽培出來的油菜花，可以同時享用到花葉部分口感軟綿、莖幹部分口感紮實的雙重好滋味。點綴上醋味噌與鰹魚柴魚絲。

蘆筍握壽司

寿司割烹 山水

埼玉・埼玉市

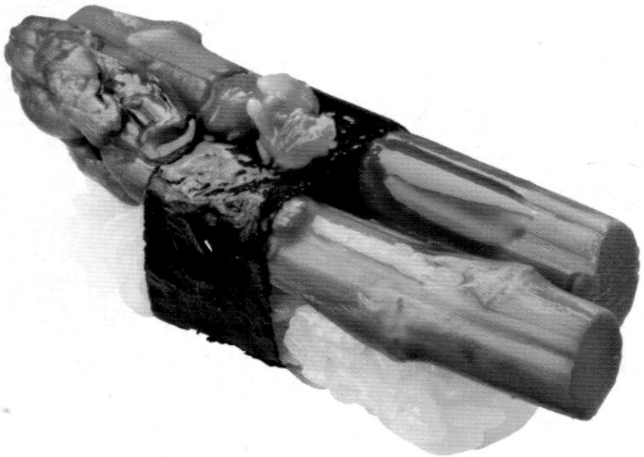

藉由蘆筍頂部鱗芽的軟嫩與莖部的清脆來營造口感變化。烹煮的時候不只削去硬皮，更一併去除所有口感不佳的部分，放入醬油高湯裡燙煮。最後再點綴上「脆山葵」。

杏鮑菇握壽司

寿司割烹 山水

埼玉・埼玉市

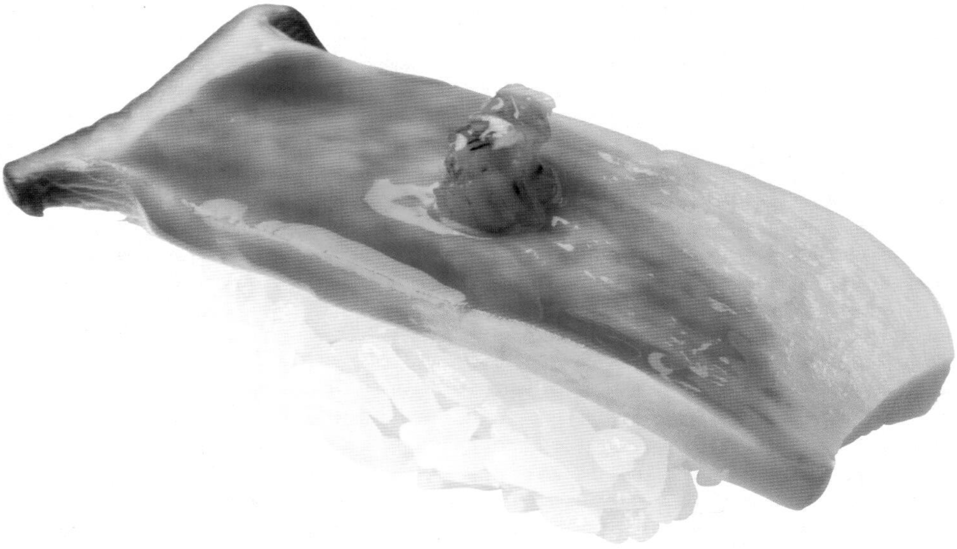

切成3mm厚薄片，營造出接近貝肉的口感。搭配將山葵剁成較大顆粒的「脆山葵」。

白靈菇握壽司

寿司割烹 山水

埼玉・埼玉市

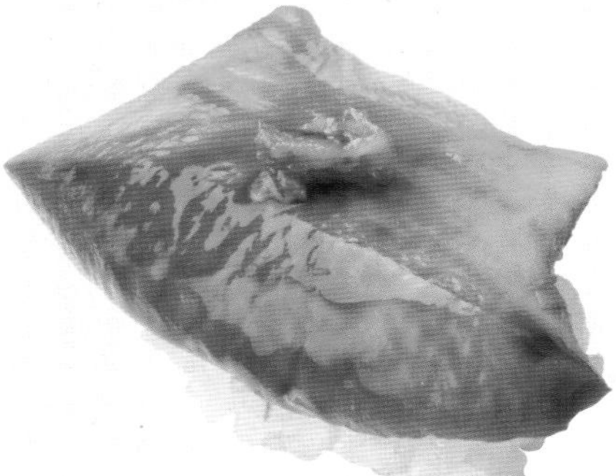

白靈菇用醬油高湯充分滷煮，進行預先調味。採訪當下滷煮5分鐘。完成前刷上煮切醬油，點綴上山葵與醋味噌混合而成的「山葵味噌」。

秋葵握壽司

寿司割烹 山水

埼玉・埼玉市

僅去掉難以下嚥的蒂頭，用醬油高湯燙煮。採訪當下為1分鐘，充分保留秋葵清脆的口感。點綴山椒與味噌混合而成的「花椒芽味噌」增添清爽風味。

山茶茸握壽司

寿司割烹 山水

埼玉・埼玉市

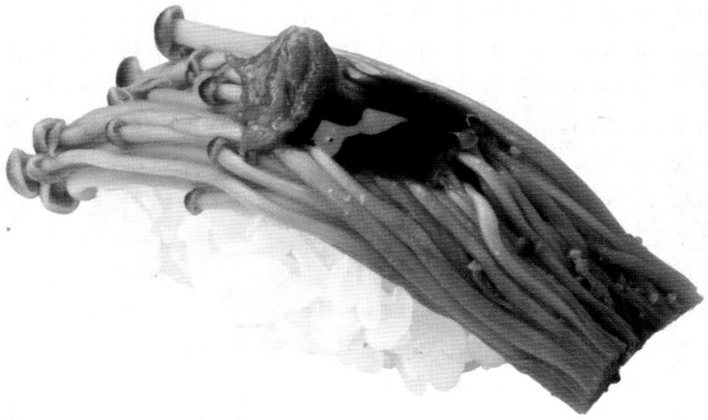

使用埼玉縣岩槻區，以更接近天然野生金針茹的栽種手法，培植出來的山茶茸。採訪當下使用醬油高湯滷煮3分鐘，透過加熱來增添甜味，也讓口感吃起來更加滑順。

茄香握壽司

寿司割烹 山水

埼玉・埼玉市

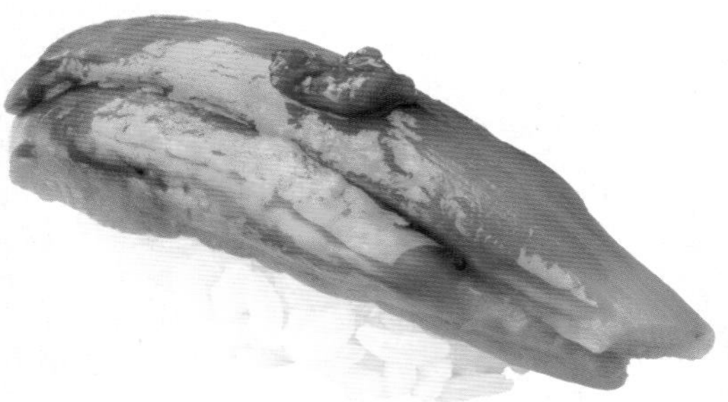

重點在於先去掉外皮再以醬油高湯滷煮，避免捏製成形以後顏色變調。採訪當下為燙煮2分鐘，吃起來滑順的同時又充分保留下口感。

金針菇握壽司

寿司割烹 山水

埼玉・埼玉市

根部切上一刀讓金針菇更容易在口中根根散開。採訪當下用醬油高湯滷煮3分鐘，保留金針菇的爽脆口感。

番茄軍艦壽司

寿司割烹 山水

埼玉・埼玉市

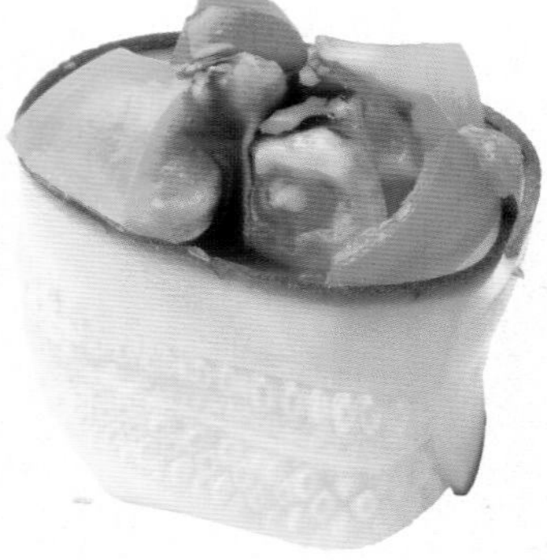

紅、黃番茄連籽一起切成細丁，拌入羅勒油，再刨成細片並用甜醋醃泡軟化的櫛瓜包裹起來。最後佐上巴薩米克醋，製作成義式風味壽司。

黑木耳握壽司

寿司割烹 山水

埼玉・埼玉市

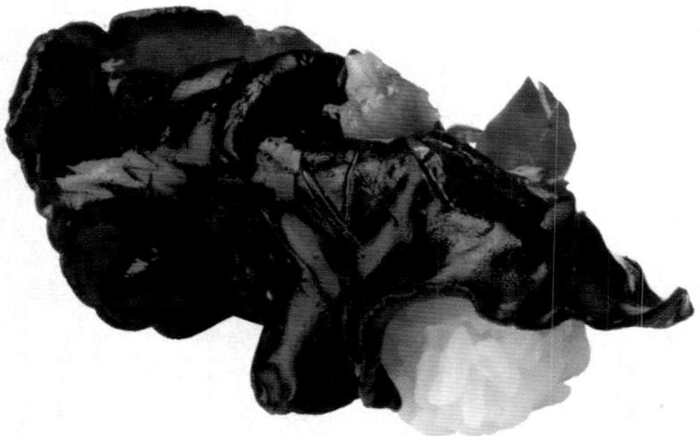

採訪當下以醬油高湯滷煮10分鐘至充分入味。捏製之前在食材表面劃上無數刀痕，讓木耳更易於咬斷咀嚼。是道能充分享用到爽脆口感的握壽司。

好評如潮

特色壽司・人氣壽司

單人壽司・壽司拼盤

壽司組合・壽司便當

散壽司・壽司丼

壽司卷・押壽司

主廚特選壽司12貫

採訪當下自豐洲進貨的各式當季海鮮，逐一排開來有盛放在木匙上的海膽、有頭牡丹蝦、鮪魚上腹肉、松葉蟹、鯛魚等各式豪華魚料。粉嫩的紅酒鹽、嫩綠的茶鹽為整體更添繽紛與香氣。看得出十分具有美食攝影構圖感。

KINKA sushi bar izakaya 六本木〔東京・六本木〕

多樣冬令壽司

在食材選購方面下了十足努力，金澤當季在地食材應有盡有而廣受好評。照片為輪島產星鰻、炙燒過魚皮的紅喉、點綴蘿蔔泥的能登產鰤魚、香箱蟹、水針魚、越前甜蝦、鮪魚上腹肉。

金澤玉寿司　総本店〔石川・金澤市〕

鮪魚午間盛宴

由餐廳員工規劃每月一換菜單內容的熱門午間套餐。2015年12月以能夠充分享受鮪魚美味為主題，設計出這套「鮪魚午間盛宴」，以原價率55%的優惠價位提高食客滿意度。使用當季生鮮鮪魚，包含瘦肉3貫、中腹肉3貫與一條細卷海苔壽司。壽司飯使用略多的25g，魚料也切得略厚。

寿司・和食おかめ〔山梨・富士川町〕

鮪魚饗宴

南伊勢町神前浦養殖出來富含礦物質的「伊勢鮪魚」，特色在於入口嫩滑的口感與濃郁的鮮味。推出以伊勢鮪魚為中心的七種鮪魚壽司組合到一起，是極受歡迎的午間特餐。能夠同時品嚐比較到由鮪魚不同部位組成的瘦肉、中腹肉、上腹肉、醬漬、炙燒握壽司，以及蔥花鮪魚泥軍艦、鐵火手卷。附紅味噌湯。

鮨かど〔愛知・名古屋市〕

鮪魚三昧 五品

在愛吃鮪魚的顧客之間大受好評的一道菜品。提供上腹肉、中腹肉、瘦肉、邊角肉軍艦壽司五種鮪魚壽司，因為「可以享用到不同味道的鮪魚」而大受歡迎。

江戸前・創作
さかえ寿司〔千葉・稲毛海岸〕

彩虹壽司卷

別具一格壽司10貫

照片上方為使用色彩繽紛魚料製作而成的彩虹壽司卷。是一道用鮪魚上腹肉、鮪魚瘦肉、松葉蟹、比目魚、鮭魚、醋漬鯖魚、竹筴魚等魚料疊放製作出壽司卷再做分切，讓人忍不住期待「下一個會是什麼什麼口味？」而一口接一口的高人氣菜單。照片下方別具一格壽司10貫則提供了蒜醬炙燒佐賀牛、松葉蟹、烏賊佐海膽、蒜香鮮蝦佐自製美乃滋等，集結了多種壽司技法的珍稀壽司。

楽 SUSHIIZAKAYA GAKU HAWAII〔東京・尾山台〕

炙燒三昧 五品

可一次性享用到長槍烏賊、鮭魚、星鰻、鮪魚上腹肉、鯖魚五種不同壽司魚料的高人氣商品。因為能同時品嚐比較五種炙燒壽司而大受好評。

江戶前・創作
さかえ寿司〔千葉・稻毛海岸〕

透過電子郵件向會員寄發新菜單或會員限定菜單。裡頭還做出了在信中寫上特定用語的特殊安排，讓顧客點購限定菜單之際說出特定用語。

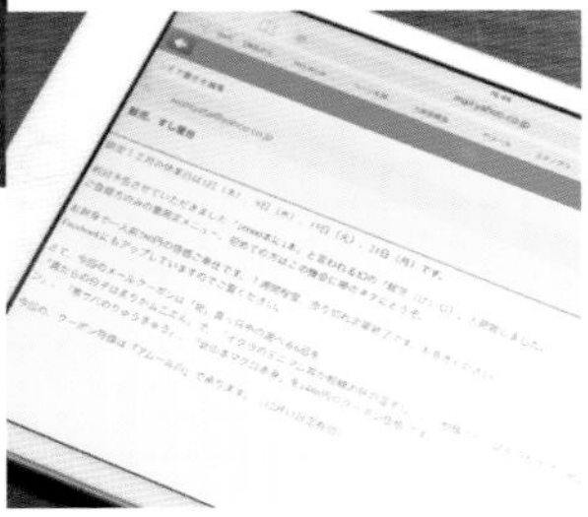

炙燒三昧

會員限定菜單。包含蒜香醬漬黑鮪魚上腹肉佐辣味蘿蔔、霜降鰤魚土佐醋味噌、炙燒鮭魚佐塔塔醬、炙燒鱈魚子佐鹽漬檸檬在內的綜合拼盤。

十三 すし場〔大阪・十三〕

從當日進貨的品項中，嚴格挑選出能以實惠價格提供的主廚自選握壽司（由左起分別為伊勢鮪魚、比目魚佐海膽、竹筴魚、鮟鱇魚、伊勢鮪魚邊角肉）。有時也會加入一般菜單沒有的馬肉壽司或牛肉壽司。

鮨かど〔愛知・名古屋市〕

今日主廚自選握壽司5貫

炙燒壽司6貫

嚴格挑選握壽司中經過炙燒更能散發香氣或帶出脂肪美味的壽司魚料。最後再分別擠上醬汁。照片中為用到黑鮪魚瘦肉、鯛魚、鮭魚、大瀧六線魚、松葉蟹與干貝，並附上味噌醬汁與山葵醬汁的綜合拼盤。

KINKA sushi bar izakaya 六本木〔東京・六本木〕

炙燒CIOUS壽司6貫

鮭魚、鯖魚、鮮蝦、牛肉、星鰻箱壽司與KINKA壽司卷的炙燒壽司。

KINKA sushi bar izakaya 六本木〔東京・六本木〕

特選10貫壽司組合

分有3貫、5貫、10貫與特選10貫共四種選擇。特選10貫為包含鮪魚上腹肉、海膽、鮭魚卵在內的豪華組合。壽司飯添加紅醋調配出醇和風味，製作出多數人都能接受的甜、鹹、酸比例恰到好處的可口醋飯。

寿司バル R/Q〔東京・末廣町〕

超特選握壽司

特別營造出大幅超出原價的超值感。包含鮪魚中腹2貫、鯛魚、鯨魚、海膽、鬚赤蝦、松葉蟹等各式握壽司。附上單點也很受歡迎的迷你版「蟹膏沙拉」與茶碗蒸。

——寿司の美登利総本店〔東京・世田谷〕

季節性主廚特色壽司

透過每三個月一換的菜單內容來提高壽司新魅力的壽司拼盤。照片為2020年12月的壽司組合。帶有蝦膏的牡丹蝦頭另外盛放以便於作為下酒菜享用，順帶搭配盛入小碗碟裡的鱈魚子。

——寿司の美登利総本店〔東京・世田谷〕

天然鯛魚、鮪魚中腹肉、鬚赤蝦、蒸鮑魚、生海膽、在地竹筴魚、烏賊、炙燒星鰻、京都茄子玉子燒握壽司，再加上兩道配菜。從蟹肉奶油可樂餅、茶碗蒸、貝肉味噌湯裡三選二。

——ひょうたん寿司〔福岡・福岡市〕

時令主廚特選握壽司套餐

不同主題的四種壽司（「生竹筴魚」只有一種）拼盤組合商品也十分充實。

不加醬油而是以臭橙和鹽巴來享受其中的清爽美味。內容包含鯛魚、生比目魚、干貝、長槍烏賊。

寿司ろばた 八條〔大分・大分市〕

臭橙鹽壽司

匠心獨具握壽司海量拼盤

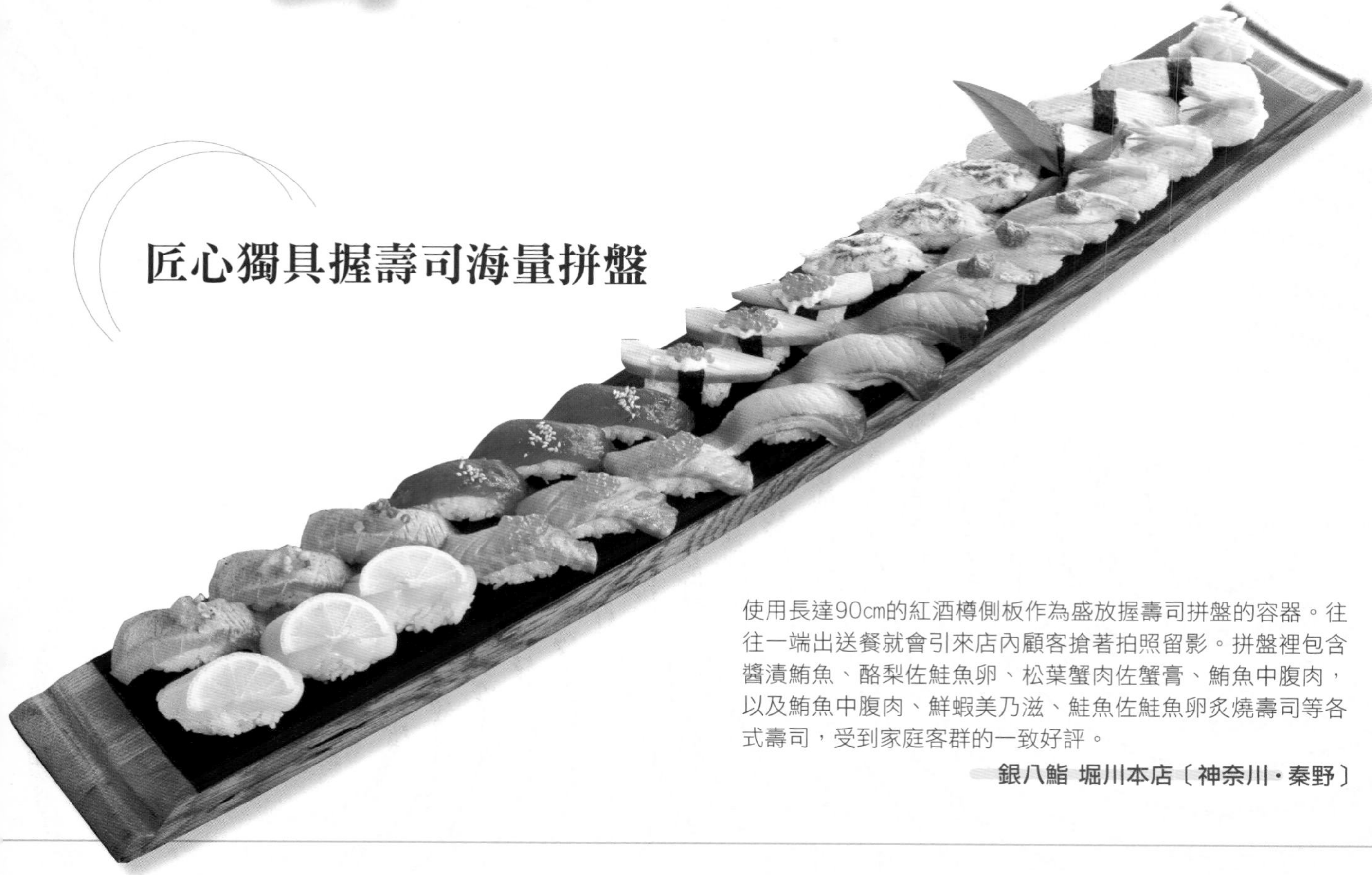

使用長達90cm的紅酒樽側板作為盛放握壽司拼盤的容器。往往一端出送餐就會引來店內顧客搶著拍照留影。拼盤裡包含醬漬鮪魚、酪梨佐鮭魚卵、松葉蟹肉佐蟹膏、鮪魚中腹肉，以及鮪魚中腹肉、鮮蝦美乃滋、鮭魚佐鮭魚卵炙燒壽司等各式壽司，受到家庭客群的一致好評。

銀八鮨 堀川本店〔神奈川・秦野〕

冬季三貫王

租下高知性女性與商務人士會上門光顧的店鋪營運。是一家店內特色在於同時設有站立食用與一般座位的時尚餐廳，悠閒放鬆的氛圍也博得不少好評。除壽司之外還備有天婦羅，來店顧客以女性占比較高。會依季節改變組合裡介紹到的壽司魚料。這道「冬季三貫王」由寒鰤、蒸牡蠣、鮟鱇肝的三貫壽司組合。

寿司 魚がし日本一
BLACK LABEL〔大阪・北區〕

飛驒牛握壽司

將岐阜縣引以為豪的在地品牌食材飛驒牛作為壽司料的壽司。慢火加熱帶出A5等級飛驒牛腿瘦肉的鮮甜美味，烤製成烤牛肉再切下來捏製成握壽司。供應前點綴上山葵泥並撒上藻鹽，淋上酢橘讓風味更顯清爽。

美濃寿司〔岐阜・土岐市〕

鮭魚頭目

以備受女性與孩童喜愛的鮭魚組合而成的外賣品項。內有鮭魚握壽司14貫、炙燒鮭魚7貫、美乃滋炙燒鮭魚7貫。以每人7貫來計算，合計28貫。以家中有2～3名孩童的家庭為客群而開發。

神埼 やぐら寿司〔佐賀・神埼市〕

主廚午間精選套餐

由前菜、壽司、小缽料理、甜點組合而成，現改為黑色托盤中盛放6貫壽司。四周撒上可依喜好自行沾取食用的鹽巴，放上蕨葉擺盤裝飾。會透過將日本對蝦改為日本龍蝦等調整進行食材升級，使用重視季節的玄海漁獲。

キヨノ〔福岡・福岡市〕

水果壽司

力谷先生表示：「創意組合全來自於靈感。」。涵蓋紀之川市採收不了的香蕉與鳳梨之外的各種水果。全品項約有30種。因為使用的水果整體風味清爽，並且不沾醬油食用，所以在提味與烹調的步驟上花費了一番巧思。依季節篩選出可供應的壽司項目，隨時備妥以便顧客點餐後一定可以出餐。

力寿し〔和歌山・紀之川市〕

❶甜柿起司炙燒壽司
將十分對味的甜柿與起司組合到一起。
撒上黑胡椒做提味，以細葉香芹添加色彩。

❷蘋果Krazy Salt握壽司
在蘋果片上面撒上香草鹽做點綴。

❸無花果紫蘇細卷壽司
最先試作出來的水果壽司，人氣No.1。

❹葡萄鮭魚卵軍艦壽司
用鮭魚卵來為葡萄（貓眼葡萄）補足鹽味與整體色調。

❺哈密瓜生火腿握壽司
哈密瓜與生火腿的經典組合和壽司飯也很合拍。

❻無花果炙燒奶油握壽司
味道清淡爽口的無花果搭配奶油的濃醇風味，
撒上黑胡椒增添味覺衝擊。

❼甜梨炙燒鮭魚握壽司
藉由炙燒鮭魚並撒上黑胡椒，讓壽司吃起來更加順口。

❽甜柿梅肉握壽司
甜柿的甜與梅肉的酸尤為合拍。

散壽司・壽司丼

散壽司

充滿了店主「重視打開蓋子那一瞬間的驚喜」心意的一道餐點。魅力在於擺盤漂亮又極其奢侈的食材，採訪當下為擺放了鮪魚中腹肉、竹筴魚、鰈魚、甜蝦、海膽、鯡魚卵昆布、烏賊、醬煮鮑魚、玉子燒、鮭魚卵的散壽司。解膩小菜則是淺漬小黃瓜、榨菜與白雪蘿蔔，加上山葵泥。

—すし処 會〔東京・等等力〕

蔥花鮪魚泥丼

將鮪魚邊角肉或骨邊肉剁碎作為食材的壽司丼飯。有些地方會拌入蔥花或青蔥末，但這裡採用的是擺在最上面做點綴。會依部位不同作為高級丼飯供應。

—鮨処 蛇の目〔東京・巣鴨〕

醬漬鮪魚丼

鮪魚瘦肉經湯霜處理，放入酒與醬油以相同比例調合出來的醃漬醬中醃漬。斜切後盛盤。擺放上小黃瓜做點綴。是一項在午餐等供餐中也相當受到好評的壽司丼飯。

—鮨処 蛇の目〔東京・巣鴨〕

特大碗 鮭魚卵鐵火丼

活用形狀大小不一致的鮪魚邊角肉製作而成的午餐限定特大碗丼飯。在碗沿擺上一圈的鮪魚肉上，擺上玉子燒與滿滿的自製鮭魚卵。營造出立體感的重點在於鮪魚肉擺放時要部分重疊且稍微超出碗沿。魄力十足的外觀在網路社群上引發不少話題，有不少顧客專門為此遠道而來。限定6碗。

仙石すし 本店〔愛知・名古屋市〕

壽司店的烤牛肉丼

使用最適合做成烤牛肉的安格斯牛瘦肉，是新冠肺炎前最受歡迎的午餐菜品，亦可外帶。如道地的拿大起源餐廳那般，製作出軟嫩而鮮味濃郁的烤牛肉，分量也十分充足。如菜名「壽司店」所示，搭配壽司飯，並加上糖醋嫩薑來享用的清爽美味正是其大受好評的理由。

KINKA sushi bar izakaya 六本木〔東京・六本木〕

特選海鮮丼

讓分量十足又價格實惠的海鮮丼類更加充實，吸引更多顧客上門光顧。照片為盛有12種魚貝類海鮮的奢侈丼飯。

※現未販售。

鮨やまと ユーカリが丘店〔千葉・佐倉市〕

雙層散壽司

為了讓壽司料也能作為喝酒時的下酒菜來享用，想出了這種壽司料與壽司飯分開來盛放的散壽司。雙層容器是上一代特別訂製的器皿。生鮮魚料、醬煮魚料及銀皮魚壽司全都盛裝到一起的超值感為其帶來不少人氣。

都寿司本店〔東京・日本橋蠣殼町〕

仙台醬醃鮮魚丼「極致」

於宮城縣內120家店鋪供應的「仙台醬醃鮮魚丼」定位在使用在地鮮魚與宮城縣稻米，營造出各家店鋪獨特的個性。奢侈地盛裝上鮪魚上腹肉、海膽、鮭魚卵在內的16種壽司料。添加了仙台味噌與星鰻調味醬汁做提味的醃漬醬能充分帶出食材本身的美味。隨餐附上可以包成手卷的宮城縣產海苔與玉子燒也十分受到顧客好評。

お寿司と旬彩料理 たちばな〔宮城・仙台市〕

星鰻飯

到廣島員工旅遊時獲得眾人一致好評的美味鄉土料理，經由第二代社長加以重現並進行了一番改良。不僅搭配整條烤星鰻，更在飯裡拌入烤星鰻碎肉，以及滷香菇。雖非壽司但也是該店熱賣的長銷商品。

松葉寿司〔兵庫・尼崎市〕

醬煮鮮味丼

醬煮星鰻、醬煮干貝、醬煮章魚、日本對蝦、葫蘆乾等江戶前醬煮壽司料平鋪到丼飯上面。因為可以一次吃到多種醬煮海鮮而相當受到歡迎，午餐限量供應15碗。同時不忘細心處理星鰻維持溫熱狀態、章魚用菜刀拍鬆等美味細節。最後再刷上調味醬汁。

都寿司本店〔東京・日本橋蠣殼町〕

鮪魚丼

愛吃鮪魚的人絕對抗拒不了的鮪魚盡享丼飯。裡頭涵蓋鮪魚瘦肉、中腹肉、骨邊肉，有時也會視情況加入上腹肉。視進貨情況平均使用短鮪魚與黑鮪魚，擺放上量多到看不到壽司飯的鮪魚肉，撒上切成細絲狀的糖醋嫩薑。附上去味解膩用的味噌漬蘿蔔。

都寿司本店〔東京・日本橋蠣殼町〕

香菇干貝
海膽飯
佐鮭魚卵

將奶油炒干貝菇柄、海膽壽司飯盛放到肉質肥厚的烤香菇上面再做供應。在最上方點綴上顏色鮮艷的鮭魚卵增添風味與口感的層次變化。在男女顧客之間都很受到歡迎，是該店創業至今的人氣菜品。

すし処 會〔東京・等等力〕

虎河魨白子奶油焗飯

被顧客簡稱為奶油焗飯的高人氣隱藏菜單。炙燒虎河魨白子或鱈魚子，接著在陶板鍋裡放入奶油與壽司飯拌炒加熱，最後淋上一圈醬油。只要有一個顧客點餐，其他人看到或聞到香氣就會一個跟著一個接連點餐。

すし処 會〔東京・等等力〕

吹寄散壽司
萌木

壽司飯上擺上葫蘆乾與海苔、自製炒蝦鬆、煎蛋絲、鮭魚卵的午間限定散壽司。葫蘆乾選用不施肥無農藥有機蔬菜，雞蛋則是受精雞蛋。此外還附上小碟蔬菜、帶骨魚肉湯、自製糖醋嫩薑。若不加鮭魚卵與炒蝦鬆，也可提供給素食顧客享用。

オーガニック 鮨 大内〔東京・澀谷〕

無敵海膽丼

選擇套餐中的飯食選項之際，支付追加費用即可變更為該店招牌「無敵海膽丼」。是一道可以充分享受海膽，在拌入生海膽的壽司飯上，擺放上大量生海膽與炙燒得香氣四溢海膽的美味丼飯。「這是追加附贈的。」說著附上鮭魚卵收獲顧客的欣然微笑。

四季の舌鼓 おしどり〔北海道・薄野〕

迷你小丼

用香箱蟹製成的巴掌大小丼飯。由於可以同時享用到香箱蟹內子（卵巢）、外子（成熟後流出卵巢的咖啡色蟹卵）、蟹肉、蟹膏一應美味，每年都獲得相當高的人氣。每天約賣出30碗。

十三 すし場〔大阪・十三〕

特製 什錦散壽司

新開發出來的外帶商品。自製日本對蝦炒蝦鬆風味濃郁可口。是一道醬漬鮪魚、昆布漬白肉魚、葫蘆乾、滷香菇、煎雞蛋等配料鋪滿到看不到白飯，款待感十足的商品。因為不使用生鮮食材，所以能以較為合理的價格供應。因為能以合理的價格享用到，包含日本對蝦炒蝦鬆、醬漬鮪魚、昆布漬白肉魚在內的傳統江戶前壽司而受到高度歡迎。

都寿司 本店〔東京・日本橋〕

鮑魚肝飯

將風味濃郁的鮑魚肝奢侈地盛裝到小缽裡供應的壽司珍饈。將原本會和糖醋嫩薑、醃黃蘿蔔、小黃瓜、蘘荷這類口感清脆又帶著香氣的食材一起拌入壽司飯裡的鮑魚肝獨立出來另外盛放，製作成半下酒菜壽司。可以隨顧客喜好當成小菜或壽司享用。鮑魚肝用生薑、大蒜與奶油起司拌炒加深濃醇美味。

紋ずし〔東京・祐天寺〕

繽紛海鮮丼

（附味噌湯、茶碗蒸）

壽司飯上盛上蔥花鮪魚泥與鮭魚卵的丼飯，搭配用海鮮等食材填滿每一格的九宮格木盒。九宮格裡分別為鯛魚、特大海草蝦、鮭魚、醋漬鯖魚、鮭魚卵、醬煮星鰻、醬煮文蛤、鮪魚中腹肉與醃黃蘿蔔、玉子燒等配菜。為GRAND FRONT OSAKA限定菜單，在平日午餐時間段（10點～17點）以外的時間供應。

寿司 魚がし日本一
BLACK LABEL〔大阪・北區〕

祝字當頭
什錦散壽司

什錦散壽司的花壽司由在各方面都很活躍「專業裝飾壽司職人」川澄健先生一手設計。拌入香菇、葫蘆乾的紅醋壽司飯上面擺放上日本對蝦炒蝦鬆，盛裝上窩斑鰶、日本對蝦、玉子燒、鮭魚卵、醬煮章魚、星鰻等江戶前壽司魚料，還有黑豆與毛豆。照片為追加鮑魚與海膽的「上等壽司」。於正中央擺放上用葫蘆乾寫出「祝」字的文字壽司卷。其製作方式於《壽司握技冠軍主廚技法習得》（川澄建著，瑞昇出版）有詳細介紹。此款壽司為須提前三天預約的預約商品。

鮨 銀座おのでら〔東京・銀座〕

釜鍋蒸壽司

使用釜鍋容器製作的外帶用蒸壽司。這道放到蒸煮器具或微波爐加熱享用的壽司，在冬季十分受到歡迎。不僅可以外帶，也提供線上購物冷凍商品的服務。吃不完的時候，也可以放到鍋中拌炒成壽司炒飯來享用。炒好以後再舀入土佐醋凍，改變成另一種風味。散壽司上面盛放上鮮蝦、鮪魚、鮭魚、星鰻、鯛魚、紅魽、牡蠣、干貝……等充滿奢侈感的豐富配料。

奥の細道〔兵庫・有馬溫泉〕

拌炒以後直接享用就很好吃，不過吃到最後再加入土佐醋凍，還能品嚐到不同於蒸壽司的美味，這樣的雙重美味體驗為這道料理更添魅力。

主廚精選握壽司

集結該店「蝦夷前」與「江戶前」壽司的經典壽司陣容。因為希望座位席與吧檯席能以同樣的用餐節奏享用壽司而分成三次供應。

——伊勢鮨〔北海道・小樽〕

主廚精選在地鮮魚套餐

為了充分享受在地食材而開發出來的壽司套餐。使用在地鴨川產「長狹米」與附近港口漁獲的在地鮮魚壽司、用炭火稍微炙烤表面的炙烤壽司、使用在地蔬菜的壽司卷，以及在鮮蝦與烏賊淋上獨門醬汁送入烤箱的「焗烤海鮮」、每日小缽料理、味噌湯組合而成的多樣化拼盤套餐。合理的價格引來不少午間顧客。

鮨 笹元〔千葉・鴨川市〕

主廚精選套餐

晚間套餐中，人氣最高的套餐組合。由前菜、招牌菜水洗星鰻、握壽司、壽司卷、紅味噌湯、水果等七種品項組合而成。增加前菜所含品項，留下極具視覺衝擊的第一印象。壽司魚料以天然鮮魚食材為主。以實惠的價格提供多元而充實的菜單內容獲得高人氣。

寿司英〔愛知・名古屋市〕

❶前菜
以時令蔬菜為主的柑橘醋鱈魚白子、鹽辛（鹽漬海鮮內臟）、無花果鮭魚卷、鮟鱇魚肝等適合下酒的8～9種小菜作為前菜。

❷水洗星鰻
以水洗冰鎮的方式提供漁獲量驟減而顯貴重的伊勢若松產星鰻。為了保留充足的彈牙口感，使用在6小時內宰殺處理好的星鰻。

❸茶碗蒸
會根據時令食材改變配料的茶碗蒸。秋至冬季會再淋上芡汁供應。會視顧客用餐速度來調整最佳的蒸煮時機。

❹握壽司
此套餐提供12貫江戶前壽司。照片為醬漬鮪魚瘦肉、知多產水針魚、知多產日本對蝦、宮城金華鯖魚、醬味與鹽味伊勢若松產星鰻，以及黑鮪魚中腹肉、三河產比目魚、三河產赤貝、知多產窩斑鰶、和歌山回鰹、利尻海膽、三河產赤鯥。以三河灣及伊勢灣捕獲的在地魚獲為主，採用日本國內各地嚴格挑選過的海鮮。

❺壽司卷
分別為鮪魚及紫蘇梅壽司卷。海苔使用色澤較深、口感紮實的瀨戶內海海苔。使用其中品質最佳的初採海苔。

握壽司膳

（附日本國產牛涮肉片）

雖是日式餐館，但為了保留「がんこ＝壽司」的形象而作為固定菜單供應。開發出應顧客要求附上小火鍋的菜單之後，成為特別受午間顧客歡迎的套餐組合。餐廳位置好，再加上外國顧客又多，網羅和食組成而成的這套菜單獲得相當高的支持率。依季節調整食材內容。

がんこ新宿
山野愛子邸〔東京・新宿〕

壽司便當

在二〇二〇年四月七日發布緊急事態宣言之際，開始發售的便當。新冠肺炎導致壽司店陷入營運困難的大環境之下，從中小企業經營者雲集的「HERO'S CLUB」活動中學習到的「互幫互助」主題，開始投身於社會貢獻的一部分。由於不想過度壓低售價，但若直接使用內用等級食材又會導致價格過高而乏人問津，所以便當專用食材與內用食材會分開採購與分開處理。特色在於以「バッテラ」（小船壽司，鯖魚押壽司的一種）取代生鮮魚肉，米飯也使用壽司飯，營造出壽司店風格十足的便當。甚至受歡迎到有常客想讓公司同事也能一飽口福而一口氣訂下20個便當。

銀座 鮨 おじま〔東京・銀座〕

壽司便當

與上一個便當差不多時期開始販售，只是使用的是內用等級食材。雖然用到了醬漬鮪魚、馬糞海膽、鮭魚卵這三項高級食材，但優點是製作起來比上一個便當還簡單。這也是在當時市場因出海少漁獲大減而買賣不熱絡之際，基於「互幫互助」行動主題，想為市場買賣商人與顧客加油打氣的想法，採購食材製成商品加以銷售。原價率超過50%。

銀座 鮨 おじま〔東京・銀座〕

2020年秋季也曾舉辦過只用於周末便當的八折活動。僅限於11點30分～13點、17點30分～19點來電自取的外帶便當，獲得不少減少在外用餐顧客的點購。

赤玉便當

該店以往雖也推出過三種「壽司幕之內便當」，但因為批量製作的緣故，沒湊到一定數量就無法接受訂單。於是從2020年4月開始推出搭配壽司的「赤玉便當」與「壽司天婦羅便當」，這項午間商品可以單盒購入作為伴手禮輕鬆帶回家。內含壽司的便當，營造出令人備感欣喜的高級感。「赤玉便當」由握壽司3貫、壽司卷、豆皮壽司，以及天婦羅（炸蝦、炸蔬菜）、玉子燒、滷煮菜（醬煮松阪牛、燉蔬菜）極好地搭配組合到一起。滷煮菜裡會視情況加入起司真薯[21]或甘露栗子。也會進一步搭配作為便當專用配菜的煎烤魚。若單以滷煮菜為主，容易覺得口感過於軟爛單調，所以留心營造口感上的變化。

赤玉寿司〔三重・松阪市〕

壽司天婦羅便當

相比於「赤玉便當」注重整體菜色均衡，「壽司天婦羅便當」則是以天婦羅為主的便當。包含炸蝦、紅薯、茄子、糯米椒、玉米筍、香菇天婦羅，以及飛龍頭[22]，以及作為季節性小菜的澀皮煮栗子、烏賊與竹筍等食材。此外，為了讓便當更具壽司店的特色，還將醬煮星鰻做成了天婦羅。使用已經製作好的壽司用醬煮星鰻的優點是，去除了本身的腥味，味道也很美味，能和其他餐廳的菜品做出區別。添加的壽司則是握壽司、鐵火手卷與豆皮壽司。

赤玉寿司〔三重・松阪市〕

猛牛助六便當

松阪牛肉煮成肉燥，用來做成豆皮壽司與壽司卷的助六便當風格外帶便當。是參加2018年松阪市推出的「來點松阪牛」活動時推出的便當。壽司卷裡捲包了松阪牛肉燥、厚煎玉子燒、炒蝦鬆、滷香菇與山芹菜。在豆皮內側塞入松阪牛肉燥是製作豆皮壽司的一大重點。如果直接混拌到壽司飯裡面，牛脂會沾裹在米粒上面導致整體變得過於鬆散，不易捏製成形，送入口中又會糊成一團，所以才得出了這樣的作法。附上滷松阪牛與滷蔬菜作為配菜。

赤玉寿司〔三重・松阪市〕

21 真薯：白肉魚、蝦、雞肉攪打成泥後，混入山藥或蛋白等食材，以蒸、煮或炸的烹調手法加熱定型。
22 飛龍頭：飛竜頭。豆腐搗碎以後混入紅蘿蔔、蓮藕、牛蒡、羊棲菜等食材，塑形成圓餅狀油炸而成。

壽司懷石便當

大量用到了當季鮮魚，運用內含10～12貫的夜間懷石套餐菜單組合，完全採預約
奢華壽司便當。將套餐裡的握壽司製作成可愛的手毬壽司（烏賊、鮪魚、赤貝、鮪
組合。照片右下方則是下面鋪上壽司飯，上面鋪上海膽、魚子醬、生鮭魚卵的壽司
司魚料不單用於壽司，更作為一道菜品盛裝便當之中，讓顧客同時享用到不同的美

銀座 鮨 おじま〔東京・

祝賀宴席料理

以簡單的訂婚儀式為首，能廣泛運用到各種喜慶聚會的宴會壽司。使用年輕人也能接受的純白瓷器作為盛裝容器，營造出現代時尚風格。生魚片則單獨盛裝到杯碗之中提供。每樣料理都擺盤得既立體又美感十足，以紅色食材為主，製作出適合祝賀主題的美饌。

日本料理・寿司 丸萬〔滋賀・大津市〕

同樣深受女性客群歡迎的鮮蔬料理

鮮蔬壽司套餐

以蔬菜壽司為主的六道菜品組成的套餐，完全不使用動物性食材，也並未用到五葷（蔥、大蒜、蘘荷、洋蔥、韭菜等），製作出完全符合素食主義者的菜單。運用當季食材製作而成的料理自不在話下，連同漂亮的擺盤細節都獲得相當高的好評。現行套餐內容與採訪當下不同。此套餐僅接受預約制。

川越 幸すし〔埼玉・川越市〕

由小菜、生魚片、滷煮料理、煎烤料理、醋漬料理、壽司、湯品、甜點組合成一組菜色豐富的套餐。依據季節調整實際品項，加入數道由當季食材、在地食材與鄉土料理組合而成的菜品提高整體魅力。照片為12月中的一例，包含金澤特產治部煮、香烤紅喉、能登蛸島產鰤魚的涮魚片、醋味香箱蟹等料理。7貫壽司分別為紅喉、紅松葉蟹、昆布漬金澤產甜蝦、金澤港撈到的竹筴魚與日本鳳螺等壽司。

吧檯桌
主廚精選套餐

吧檯桌限定，單人即可點選的套餐。兼顧碗碟擺盤與整體分量感，讓顧客即使坐在吧檯也能愜意享用繽紛多樣化料理，在觀光客與外國旅客之間都獲得極高的人氣。

金澤玉寿司 総本店〔石川・金澤市〕

輕奢小套餐

使用來自店內座位一望可及的玄界灘在地海鮮，標榜「交給海洋決定」的口號，使用當天捕撈到的新鮮漁獲製作供應。實現享受晚間美食或有點小奢侈午間時光的一道套餐。包含握壽司10貫（現已沒有玉子燒）外加5種生魚片、原創白酒蒸鮑魚排、小缽料理、帶骨魚肉味噌湯。會在捏製前細心詢問顧客期望的壽司飯分量多寡。

鮨屋台〔福岡・遠賀郡岡垣町〕

用於握壽司與生魚片的食材幾乎都是當天從鄰近漁港進貨的在地海產。「食材都是從這片大海裡捕撈上來的。」說著伸手指向眼前蔚藍海洋做出說明，透過和顧客之間這樣的積極互動來緩解吧檯座位顧客的緊張感。詢問顧客喜好做出調整，亦提供依顧客需求免費再多加一匙鱒魚卵的服務。味噌湯也用帶骨魚肉熬煮，提供可以充分享用大海恩典的美味饗宴。

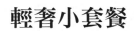

椿

網羅備受女性喜愛壽司料與小樽名產的官網限定超值午間套餐。使用抗衰老及有益健康的食材，在冷熱料理間取得最佳平衡，並且兼顧五味（酸、甜、苦、辣、鹹）與五色（紅、黃、白、綠、黑）等細節，用正好能滿足女性食量的分量做供應。

※官網專用午間套餐。需預約。

おたる政寿司 銀座店（東京・銀座）

深受女性喜愛，考量美麗與健康的菜品規劃

❶搭配每日替換的海鮮與蔬菜，撒上粗鹽調味的海鮮沙拉。

❷起司豆腐選用北海道產鮮奶油、起司、牛奶製作而成，可享用到帶著些許甜味與濃醇奶香的美味口感。

❸該店經典菜品之一的「小樽漁師烏賊素麵」（烏賊切成細絲狀）會沾取濃郁的蛋黃沾醬一起食用。以小樽當地漁民家庭實際食用的吃法做提供。

❹在茶碗蒸裡加上馬糞海膽。

❺壽司7貫分別由瘦肉、白肉魚、銀皮魚組成。自左上角順時針方向分別為馬糞海膽碟、玉子燒、以港口現撈水煮章魚頭的軟嫩與甜味為特色的北海道產柳鮹章魚、挪威產鮭魚，白鮒與鯛魚則為近海漁獲。

❻❼為日式清湯與甜點。

祝賀便當禮盒

在約17cm寬的方木盒裡裝入繽紛壽司與料理的回贈小禮物。「五段裝」的盒裝壽司自關西的外帶壽司發展而來，用這項現在已經較為少見的盛裝技術，擺放出漂亮的五段壽司。盛放其他料理的方木盒會先鋪上紅、綠、白的防沾紙，接著再盛裝料理，用便當包巾包起來提供。

日本料理・壽司 丸萬（滋賀・大津市）

盆舟膳 竹握壽司

午間「盆舟膳」提供七種菜單，售價落在一千三百～四千三百三十日圓，供購餐顧客自由選擇。不單只有御膳菜單，也提供各種「盆舟膳」套餐，展開「來這家店就要點這個！」的品牌化推廣。

やぐら寿司〔佐賀・神埼市〕

福滿便當

為外國女性客群開發出來的菜單。花費一番巧思製作出能享用到各種美味的菜色內容。提供五種飯食裡任選兩道，各自二選一的魚、肉、蔬菜料理。照片為握壽司、散壽司、當季味噌漬魚、燉牛肉、清蒸蔬菜、甜點的組合搭配。現行套餐內容與採訪當下不同。需事先預約。

川越 幸すし〔埼玉・川越市〕

百萬石 在地食材握壽司

配合「百萬石壽司」活動開發出來的，壽司9貫加蒸壽司1貫的組合。蒸壽司為連同容器一起燜蒸的鯛魚蒸壽司，淋上日式清湯芡汁一同享用。

金澤玉寿司 せせらぎ通り店〔石川・金澤市〕

鰻魚酪梨壽司

在壽司飯裡放入山椒粒，再用鰻魚和酪梨包裹起來製作而成。製作靈感來自於鰻魚酪梨壽司反卷。是開店以來各種創作壽司中最受歡迎一款壽司。

——十三すし場〔大阪・十三〕

寶石盒

由七種繽紛多彩的細卷海苔壽司組合而成。盛裝到紅色方形餐盒之中，色彩繽紛的細卷海苔壽司是一款恰如其「寶石盒」品名般華麗漂亮的外帶壽司。七種口味包裹的配料分別為「淺漬蔬菜＋紫蘇」、「鮮蝦＋飛魚子＋小黃瓜」、「鮪魚上腹肉＋細蔥」、「烏賊＋明太子」、「貝類裙邊＋小黃瓜」、「秋葵＋梅肉」、「鮪魚瘦肉」。製作這項商品的時候，每條細卷海苔壽司會一次性製作三種口味，共計15條，每2.5條即可組合出七種口味。藉由這樣的作法，不需做出7條細卷海苔壽司也可得出七種口味。

——鮨しま〔福岡・大濠公園〕

和牛壽喜燒卷

前澤牛邊角肉煮成甜鹹壽喜燒風味，再製作成壽司卷。裹覆上蛋黃液的牛肉，其芳醇的美味和壽司飯非常對味。有不少顧客會點來作為搭配日本酒等美酒一起享用的下酒菜。肉類創作壽司還有一道用滷豬五花肉搭配蔥味噌一起捲包起來的壽司卷。

——紋ずし〔東京・祐天寺〕

頂級近松卷

源於與尼崎有關的近松門左衛門的近松卷（上方照片・右側）頂級版。使用鮮蝦、玉子燒與鮭魚等多達十種配料，每一口都在口中組合成淨琉璃演出場景切換般的味道轉變。由於直徑寬達12cm，為了讓顧客從第一口就能嚐到配料美味而採用混入烤星鰻、滷香菇與芝麻的壽司飯來捲包。

松葉寿司〔兵庫・尼崎市〕

山菜套餐

考量到不敢吃生魚的人設計出來的山菜套餐。是該店開店45年來一直供應至今的長銷商品。牛蒡壽司卷裡用到岐阜縣特產之一的味噌漬菊牛蒡。其他還有紫蘇梅、山藥細卷海苔壽司，以及在昆布醬煮金針菇上面擺上鵪鶉蛋的軍艦壽司、芽蔥握壽司等品項。附紅味噌湯。

美濃寿司〔岐阜・土岐市〕

小菜壽司卷（あてまき[23]）

あてまき喜重朗〔東京・立川市〕

❶鯛魚內臟
鹽醃存放的鯛魚內臟「鯛わた」的特色在於彈牙爽脆的口感與濃郁鮮味。搭配紫蘇葉一起捲包，營造出清爽可口的好味道。

❷羅勒生火腿
將生火腿和味道尤其對味的羅勒組合出義式風味的壽司卷。搭配在柑橘醋裡添加葛根粉增加稠度的專用沾醬來增添日式風味。

❸麻籽芥菜醬（あけがらし）
「あけがらし」是一種由山形縣醬油釀造所以米麴、醬油、芥菜籽、麻籽等材料為原料釀製出來的發酵食品。特色在於具有獨特的辣味與甜味。

❹奶油起司鰻魚
提議蒲燒鰻魚和奶油起司搭配度的壽司卷。盛放到容器上面，刷上自製調味醬汁再撒上山椒做供應。

23　あてまき：「あて」意味著下酒菜。一種壽司飯少而以海鮮配料為主的細卷壽司，多作為小菜享用。

鮭魚卵卷（Madame Roll）

自加州卷中獲得靈感而開發出來的壽司。裡面卷包玉子燒與鮭魚，最後在壽司卷的橫切面上盛放上大量的鮭魚卵。以女性的形象聯想而來的「卵」為商品命名。

神埼 やぐら寿司〔佐賀・神埼市〕

多到溢出來 蔥花鮪魚泥壽司卷

用獨特的商品名稱來吸引顧客

在市場裡也設有小攤的該店鋪，會在市場對一般顧客開放的週末時段，定期舉行鮪魚切割秀等活動，以此拓展壽司店的客源。此商品便是充分展現市場臨場感的高人氣單點商品。在蔥花鮪魚泥壽司卷旁邊配蔥花鮪魚泥，以此表現食材多到滿出來的超值分量感，並直接以此來做命名。

いさば寿司／魚がし天ぷら〔埼玉・埼玉市〕

納豆壽司天婦羅

直接使用以碎粒納豆製作而成的納豆壽司卷，酥炸而成天婦羅納豆壽司卷。藉由油炸加熱加強納豆本身的風味，再藉由麵衣的酥香來增添美味口感。也是一道很受歡迎的下酒菜。

独楽寿司〔東京・八王子市〕

蕗蕎鮪魚壽司卷

該店素來以品味絕佳的下酒菜受到來店酒客眾多好評，為此也花費了一番巧思將壽司卷組合到下酒菜當中。蕗蕎鮪魚壽司卷透過蕗蕎的辛辣中和鮪魚的脂肪，讓整體品嚐起來更顯爽口。

すし屋のさい藤〔北海道・薄野〕

北海道產手綱卷

配合北海道壽司商組合青年分部主導，在10月3日標榜「道產之日」（北海道產品之日）推出的「北海道產手綱卷」。使用北海道產海鮮，製作緊密包纏起來的手綱卷。該店還會點綴上海膽與鮭魚卵增加視覺華麗感。作為一項實踐地產地消的商品備受矚目。

すし屋のさい藤〔北海道・薄野〕

甲斐鮭魚姬棒壽司

以「為區域社會飲食文化做出貢獻」的理念，使用全都來自山梨的食材製作而成的棒壽司。使用在富含礦物質天然淡水裡長大的「甲斐鮭魚」為壽司料，調味佐料用的也是在地產柚子胡椒。壽司飯用的稻米與混入其中的「紫黑米」、「葡萄醋」調合醋也全都是山梨產。搭配橄欖油享用。以適合搭配甲州紅酒享用的美味壽司而暢銷聞名。

寿司 和食 おかめ〔山梨・富士川町〕

朴葉壽司

朴葉因為葉片寬大易於包裹食材，所以自古以來就被人們拿來作為包裹戶外作業時的便攜餐點，或是利用其殺菌效果來包裹保存食品。其中一項食品便是朴葉壽司，是群山環繞的岐阜縣中部地區的鄉土料理之一。在此做出一番改良，在壽司飯上面擺放上蜂斗菜佃煮與滷香菇等山野食材，再點綴上蝦肉與醋漬鯖魚、山椒魩仔魚，再用朴葉包裹起來。朴葉在5～6月統一採收，燙過一遍熱水再冷凍保存，以此保留經年不變的翠綠。

金寿司〔岐阜・惠那市〕

更紗紅鱒壽司

使用帶有美麗紅豔色澤在地「更紗紅鱒魚」製作而成的棒壽司。使用生長在惠那山地下河中，餵食混有竹葉飼料的成魚，具有魚身大而色澤鮮紅，又不帶魚腥味的特色。採購來的鮮魚分切處理後以鹽巴緊實肉質，洗去鹽巴再進行醋漬步驟，暫時冷凍。常溫解凍以後，搭配壽司飯製成壽司，鋪上白板昆布再做分切。用竹葉包裹起來，增添一股清新竹葉香。

金寿司〔岐阜・惠那市〕

特製卷壽司便當

壽司卷因為方便食用而在派對等場合相當受歡迎。從中更進一步進化而成的豪華版。盛裝有烤牛壽司卷、鮭魚壽司卷、雞肉壽司卷、加州卷、義式肉卷……等品項，組合成繽紛的派對風。會根據季節調整菜色內容。

シャリザトーキョー スシバー〔東京・銀座〕

星鰻箱壽司

使用淡路產星鰻製作而成的箱壽司，是該店的招牌菜。煮得肉質綿軟的醬煮星鰻沾上特製調味醬，再撒上一層蛋黃鬆，或是直接撒上藻鹽。是一款可以同時享受兩種美味的高人氣外帶箱壽司。

美濃寿司〔岐阜・土岐市〕

唐津街道姪濱豆皮壽司

創作概念為「大人的豆皮壽司」。在降低酸味的壽司飯裡拌入山椒魩仔魚、山芹菜，再用熊本特產的油豆皮「南關豆皮」包裹起來。充分吸收滷煮汁鮮甜美味的南關豆皮特色在於獨有的彈嫩口感。有不少顧客會加點來作為伴手禮。

寿司割烹たつき〔福岡・福岡市〕

正宗味醂活用術

三重・多氣町「鮨処 喜」

人氣壽司店的味醂活用術
在江戶前壽司大有所用的傳統釀造的「正宗味醂」

能充分帶出食材本身風味的「三州三河味醂」作為料理烹飪中的重要調味料，獲得了一流料理人的一致好評。這次我們邀來了在二〇二一年七月於商業設施VISON中「和VISON」（和ヴィソン）園區內開業的「美醂VIEIN de ISE」（角谷文治郎商店）與江戶前壽司店「鮨処 喜ぜん」以傳統和食文化為共通點進行聯名合作，並介紹松名廣敏店主活用正宗味醂的四道料理。

新設施VISON內的味醂釀造所×江戶前壽司店聯名合作！

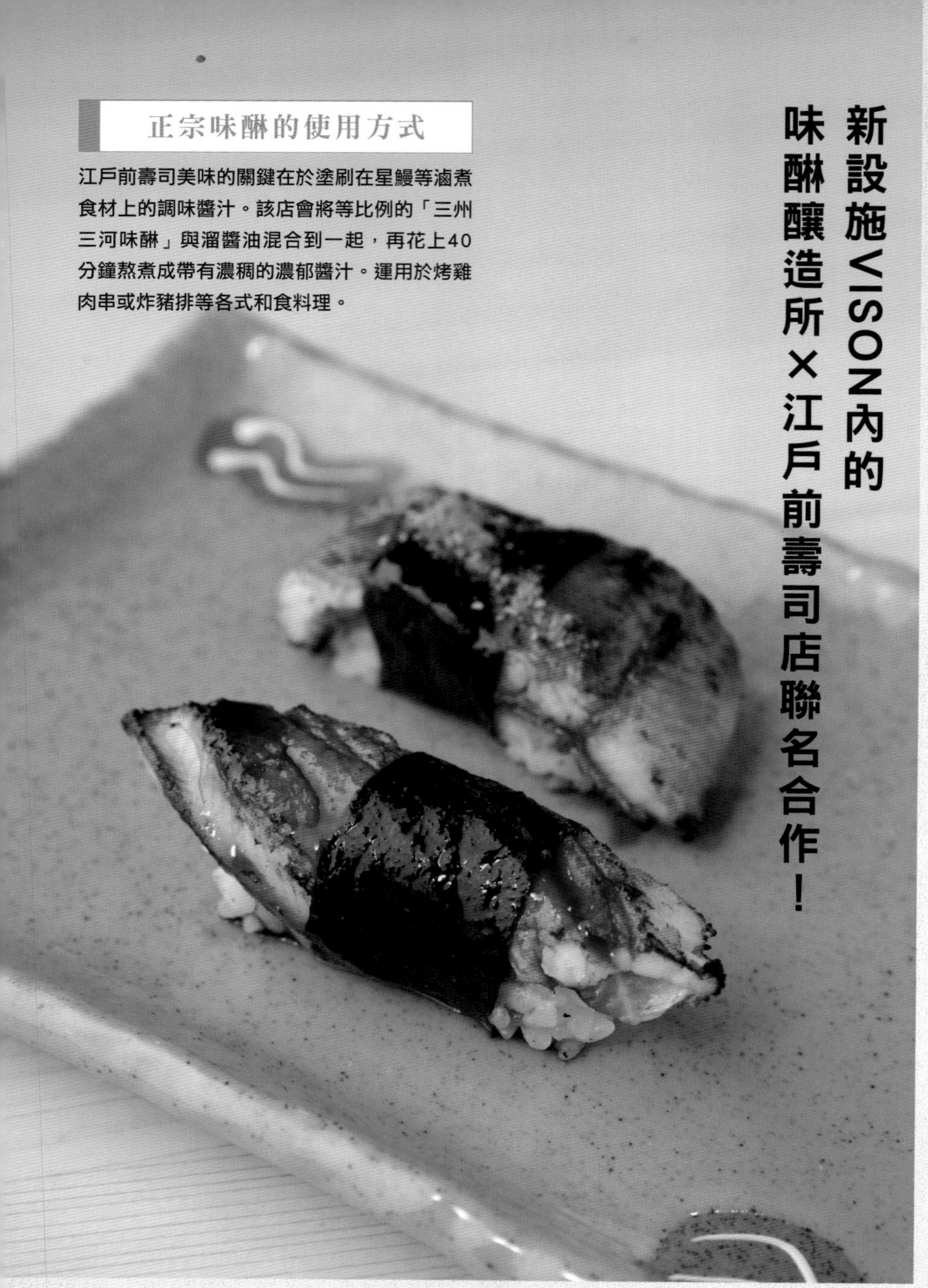

正宗味醂的使用方式

江戶前壽司美味的關鍵在於塗刷在星鰻等滷煮食材上的調味醬汁。該店會將等比例的「三州三河味醂」與溜醬油混合到一起，再花上40分鐘熬煮成帶有濃稠的濃郁醬汁。運用於烤雞肉串或炸豬排等各式和食料理。

星鰻與鰻魚握壽司

江戶前壽司中的經典款「星鰻」（照片外側）與富含油脂的「鰻魚」（照片內側）握壽司。在肉厚肥美且表面烤得焦香四溢的鰻魚肉上面刷上以「三州三河味醂」的甜鹹調味醬汁，營造出誘人可口的油亮色澤。鰻魚上面還會再撒上以石缽現磨出來香氣四溢的山椒粉。

「它有著天然的甘醇與燒酎的風味。一嚐就知道跟普通味醂截然不同。光是添加這個就能決定料理的關鍵味道，發揮一定的存在感。」身為「鮨処 喜ぜん」的店主松名廣敏先生如此說道。擁有五十年以上江戶前壽司職人經驗的他，用嚴守工序製作出來握壽司取悅了無數顧客的味蕾。

本次將為您介紹從握壽司到甜品皆是以「三州三河味醂」為主要調味料製作而成的四道菜品。味醂能起到去除魚腥味並讓肉質鬆軟、增加油亮光澤的各種作用。其中松名店主對其評價最高的是「風味甘醇」。基於優質的甜味是不可或缺的美味因素，故而在壽司醋裡也使用了較多的味醂，製作出甘甜的壽司飯。經由熟成所帶來的圓潤濃醇風味、鮮味與芳醇香氣，以及清雅的甘甜滋味，都是正宗味醂才具備的好味道。

有著吧檯座位11席、包廂10席，充分保護個人隱私的店內裝潢設計。以三重縣現釣的海鮮為主，不分晝夜供應主廚精選套餐。除了充分展現職人專業度的握壽司之外，在餐後供應的「黑糖雪酪」也同樣獲得不少顧客的喜愛。

shop data　地址／三重縣多氣郡多氣町ヴィソン672番1 食祭5　電話號碼／0598-67-5345　營業時間／11點～14點30分、17點～22點　定休日／不定期

爽冽薑汁雪酪

將點綴在該店特色甜點「黑糖雪酪」上面的薑汁雪酪拿來添加「三州三河味醂」進行口味創新。完全不添加砂糖，僅以味醂增添甜味。能在薑汁的清冽與顯著的辛辣中嚐到一絲來自味醂的甘甜與鮮甜醇香滋味。

味醂漬鮭魚

以鮭魚為主角，點綴上小黃瓜、綠橄欖、檸檬等配菜的繽紛菜品。鮭魚會花上兩天的時間用鹽與醋仔細處理，再用「三州三河味醂」製作而成的醃泡液醃漬入味。味醂還具有去除鮭魚腥味的效果。

用於滷煮調味料的「三州三河味醂」。重點在於要添等量的味醂與水，並為了充分帶出味醂的甘甜而減少醬油的用量。

味醂燉鯖魚豆腐

正值產季的肥美鯖魚，以熱水燙過魚皮後用水清洗，再以只添加了「三州三河味醂」與醬油的簡單調味料滷煮。在出鍋前10分鐘加入豆腐，吸收鯖魚的鮮味與滷汁。在味醂的作用下，就算放涼以後也仍舊帶有美麗的油亮光澤。

於新商業設施VISON傳播釀造文化

角谷文治郎商店（總公司：愛知縣碧南市）在自古就盛行釀造的愛知縣三河地區，持續嚴格遵守著傳統的正宗味醂釀製方法。僅以日本國內指定產地的糯米、米麴、正宗燒酎為原料，經長期釀造熟成的「三州三河味醂」歷來備受日本國內外一流料理人的認可。

為了拓寬味醂的更多可能性，在二〇二一年七月於商業設施VISON（三重縣多氣町）開立Antenna Shop&味醂釀造所「美醂VIEIN de ISE」商店。其周圍還有味噌、醬油、醋等製品店鋪林立，與不同釀造所一起協力傳播釀藏文化。預計在店內提供以多氣町產稻米為原料的新商品「美醂」的試飲銷售、參觀味醂釀造製程與體驗。

「三州三河味醂」
「美醂」（ビリン）

蓋在商業設施VISON裡的「美醂VIEIN de ISE」。位於「和ヴィソン」區域的藏前廣場。

shop data 「美醂VIEIN de ISE」（ビリン ドゥイセ） 地址／三重縣多氣郡多氣町ヴィソン672番1藏前22 電話號碼／0598-67-9307
營業時間／10點～18點（冬季10點～17點） 定休日／無休

人氣壽司店的

壽司與經營之道

在新冠肺炎的洗禮下，人們對於壽司的需求發生了改變。
然而在此情況下還是有壽司店座無虛席。
在此將為您介紹這些店家的壽司與經營之道。

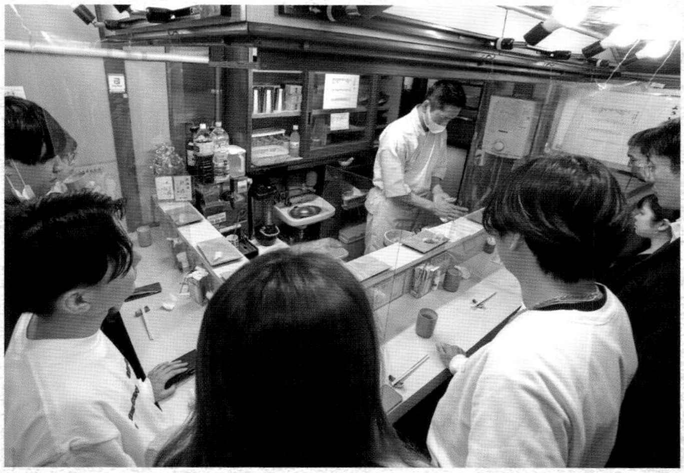

25
24
35

Maker's Mark
1800

きむら丼

|東京・新宿|

充滿個性的壽司飯與提味蔬菜
組合出「細細咀嚼品嚐」的丼飯

※照片皆為「小碗丼飯」尺寸。

兩種小碗丼飯 3800日圓

內含兩種小碗丼飯、一道蔬菜、茶碗蒸、湯品、醃漬小菜與甜點的人氣套餐。照片中為以稻稈煙燻醃漬過的「鮪魚中腹丼」，以及擺放上大量細香蔥、芽蔥等提味蔬菜的薑汁醬油生沙丁魚「繽紛沙丁魚丼」。甜點則是東京產牛乳冰淇淋。

除了上述兩種之外，還備有其他四種丼飯。❶改良伊勢手拌壽司（てこね寿司）並拌入蘘荷與紫蘇葉等提味蔬菜。❷拌入蘿蔔泥與鮪魚瘦肉一同享用。❸奢侈地擺放了大量宮崎縣產黑毛和牛烤牛肉片。❹盛放了滷星鰻與星鰻天婦羅兩種吃法的熱丼飯。

❹星鰻丼

❶鰹魚手拌丼

❸烤牛肉丼

❷蘿蔔泥鐵火丼

壽司名店「すし 㐂邑」以獨一無二的「熟成壽司」與個性十足的一品料理組合而成的套餐拿下二〇一三年世界性美食指南二星評價。在自學不輟不斷追求魚肉熟成之道的店主木村康司策畫下開立的丼飯專售店，就是二〇二一年七月開業的「きむら丼」。因為能在更輕鬆悠閒的氛圍裡享用到一位難求名店的繽紛丼飯而獲得諸多關注。

木村店主早在自立門戶之前就有了開立一家販售便捷可口丼飯的專賣店，開店以後更是在員工餐等方面多了不少製作丼飯的機會。二〇一九年先是在泰國曼谷規劃了丼飯專賣店「Kimura Don」，「きむら丼」則是在日本開立的一號店。

丼飯美味的關鍵就在於多費一番工夫大幅提升鮮美滋味的魚貝類、足量的提味蔬菜，以及粒粒考究的壽司飯搭配在一起產生的可口好味道。其壽司飯更是木村店主在鑽研魚肉熟成之道的同時也有所堅持的一大重點，開發出了適合用於丼飯而非握壽司的「きむら丼」自創配比。拌入的壽司醋裡不添加砂糖，僅使用飯尾釀造「純米富士醋」等兩種醋與鹽巴。重視米飯在咀嚼中擴散開來的美味層次，所以煮飯的時候不會泡水並使用最低限度的水量來炊煮，將米粒煮得略硬也是其特色之一。這樣煮出來的米飯能更好地吸收壽司醋，讓米粒的軟硬度變得恰到好處。

此外，木村店主對於近年海洋資源、

「すし 㐂邑」店主木村康斯（照片左）與「きむら丼」店長中村浩一。由木村店主提供餐點創意，再由資歷深厚的壽司職人中村店主將之製作出來。

鱈魚白子丼 3500日圓

屬於季節限定丼飯，能同時享用到經過酥炸與香煎兩種不同烹調方式的大塊鱈魚白子。在醋飯上面擺上香煎鱈魚白子與酥炸鱈魚白子，接著再附上塔塔醬與蔥白絲。

透過手作營造出差別。「すし 㐂邑」一手打造的新感覺・丼飯專賣店

進行壽司料加工也是該店的特色之一。製作煙燻鮪魚中腹肉的時候，會先將稻草放到煙燻鍋裡稍微燜出煙以後，擺上表面稍微炙燒過的鮪魚中腹肉，靜置7分鐘吸收香氣。過程中會在鮪魚中腹肉下方擺放冰塊避免鮪魚過度受熱。

SHOP DATA

地　　址	東京都澀谷區千駄谷5-24-2 TIMES SQUARE大樓14樓
電話號碼	03-5361-2027
營業時間	11：00～20：00
定 休 日	依設施而定
坪數・席位	45坪・42席
客 單 價	4000日圓

新宿高島屋美食餐廳樓層的14樓。店門口掛上了店名主題的深藍色暖簾。店內採用現代化和風室內裝潢，僅設有一般座位與包廂。寬敞舒適而悠哉放鬆的氛圍與絕佳的高樓景觀也是吸引顧客前來的一大魅力。

環境問題也抱持高度關心，在「きむら丼」中也對這些議題做出應對，蔬菜、味噌與用於甜點裡的牛乳等用料選用東京產食材，對減少食物里程（Food mileage）方面盡到一份心力。使用的海鮮也積極選用徹底遵守禁漁期與可捕撈尺寸等漁業規範的外國產冷凍鮪魚。木村店主想透過壽司名店也會使用這類食材的做法，喚起普遍擁有「生鮮黑鮪魚最好」價值觀的壽司業界對這觀點問題的重視。

店內菜單以一道丼飯（單點二千五百日圓、套餐三千五百日圓）、小碗丼飯（單點二千八百日圓、套餐三千八百日圓）為主，晚間也會供應內含「すし 㐂邑」知名料理「海膽蕎麥」的套餐（六千五百日圓）。備有六種經典款丼飯與一至二種季節限定款丼飯，其中擁有最高人氣的是「煙燻鮪魚中腹丼」與「繽紛沙丁魚丼」。來店客群有六至七成為女性顧客，加上來百貨店購物的人在內，也有不少專門跑來用餐的顧客。平日光是丼飯就能賣出六十份以上，週末則提高到一百二十份。「得力於充滿熱忱的員工，店內也得以製做一些較為精緻的料理。今後也想試著挑戰舉辦活動。」木村店主衝勁十足地如此說道。

立食壽司 あきら

｜東京・新橋｜

以立食的方式供應客單價二萬五千日圓同等價位的壽司料

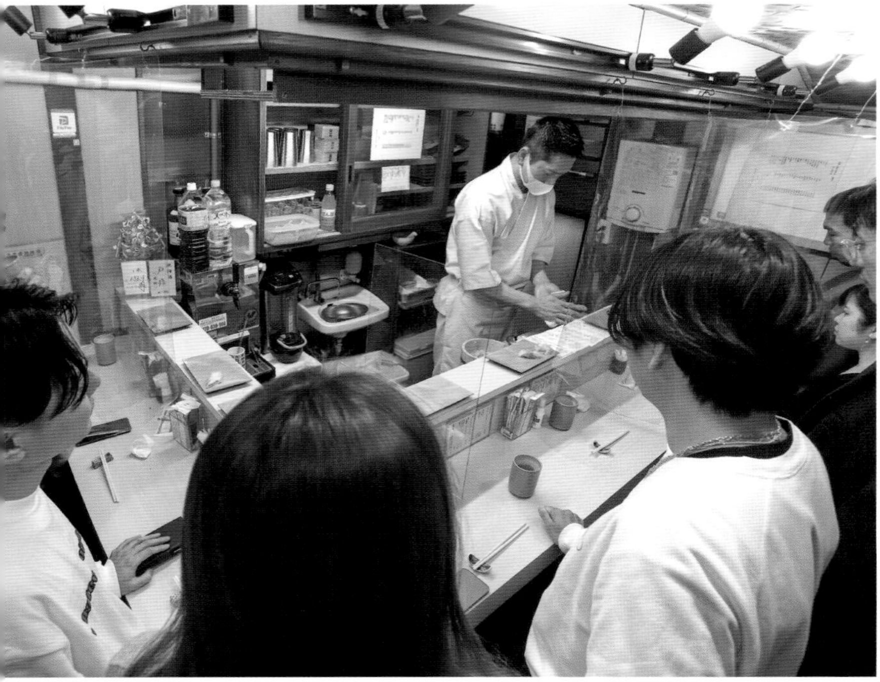

僅可容納七名顧客站立食用的四坪大小規模店鋪，採用以一小時為劃分的排隊制度。光是中午時段就有四十名顧客。主要客群在20～45歲左右，其中也有不少特地遠道而來的顧客。

自18歲踏入壽司業界，自立門戶開設高級餐飲走向的「鮨 龍尚」。並開發出立食壽司型態的二號店。

在以較少水量炊煮好的牛奶皇后（ミルキークイーン）米飯中，拌入三種紅醋、米醋、藻鹽、法國岩鹽製作出壽司飯。

SHOP DATA

立ち喰い寿司あきら

地　　址／東京都港區新橋3-8-5 Le Gratteciel BLDG 13號B1
電話號碼／070-3293-7491
營業時間／午間12:00～、晚間17:00～※
定 休 日／不定期※
※營業與否會在Instagram（stand_up_sushiakira）告知
坪數・席位／四坪・最多容納七人站立
客 單 價／8000日圓
經 營 者／田島尚德

二〇二一年二月於東京新橋開業的「立喰い壽司あきら」新橋店，是一家由客單價二萬五千日圓完全預約制的壽司店「鮨 龍尚」親自營運的立食壽司店。能夠輕鬆享用到與高級壽司店同等價位的壽司料而蔚為話題，擄獲不少20～40歲專程上門光顧的食客。四坪大小的空間僅能容納七人站立食用，一天約可吸引五十名顧客。

其店主為擁有二十五年壽司職人經歷的田島尚德。二〇一四年七月開設當時所屬公司旗下事業之一的壽司店「鮨 龍尚」，二〇一六買下該店自立門戶，並開設二號店「あきら」。

「因新冠肺炎疫情而無法正常營業的期間，比起營業額我更加擔心自己的直覺會變得遲鈍。而且雖然餐飲店有補助金可以拿，批發商卻並未獲得充足的補貼，我想做些什麼來支持他們，所以才想到開家新店。」田島店主如此說道。

想壓低基本支出來降低開業風險，所以找的是狹窄店面。而且若採用站著吃的經營型式，就算座位較少也能提升翻桌率，並確保一定程度的貨源銷售。

供應的菜單只有握壽司，並時刻備有20～25種品項。海鮮會統一進貨，再透過巧妙分開運用部位來調整原價，例如白鮒的魚腹肉會分配到「鮨 龍尚」，魚背則送到「あきら」加以運用。銷售價格為一貫三百三十～一千一百日圓，並因為是立食型態餐飲所以將主要商品售價訂在三百八十、四百四十日圓，以拋

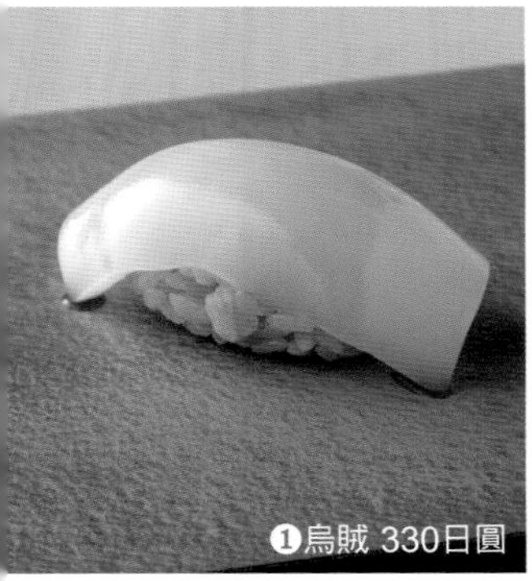

❶烏賊 330日圓

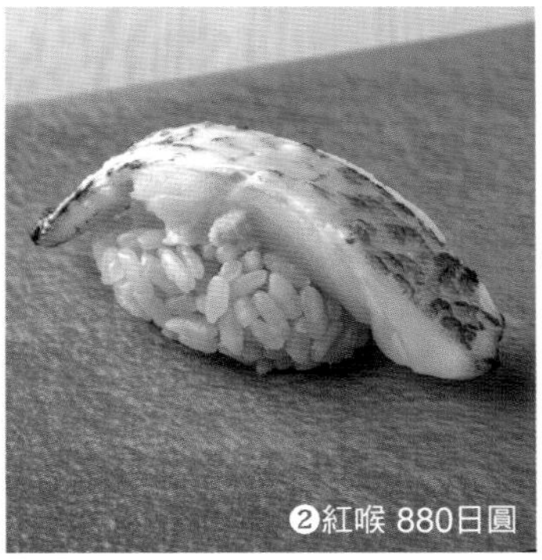

❷紅喉 880日圓

❸牡蠣 440日圓

❹香箱蟹[24] 770日圓

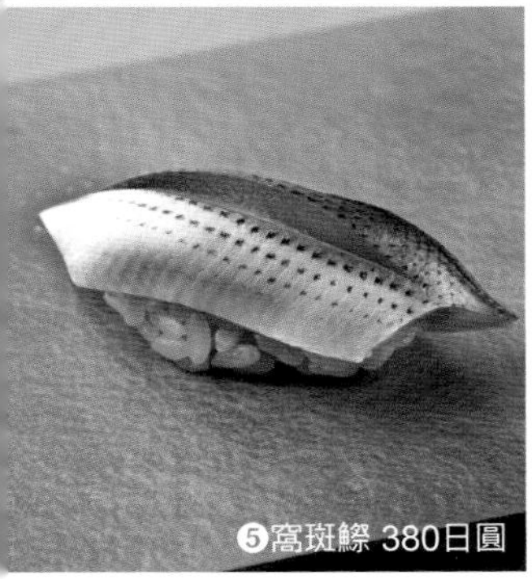

❺窩斑鰶 380日圓

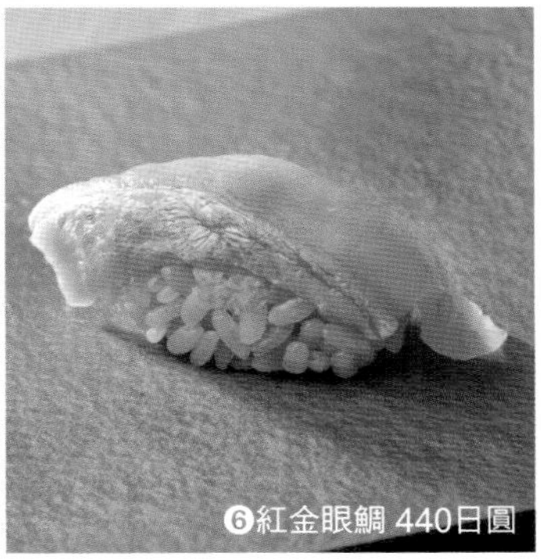

❻紅金眼鯛 440日圓

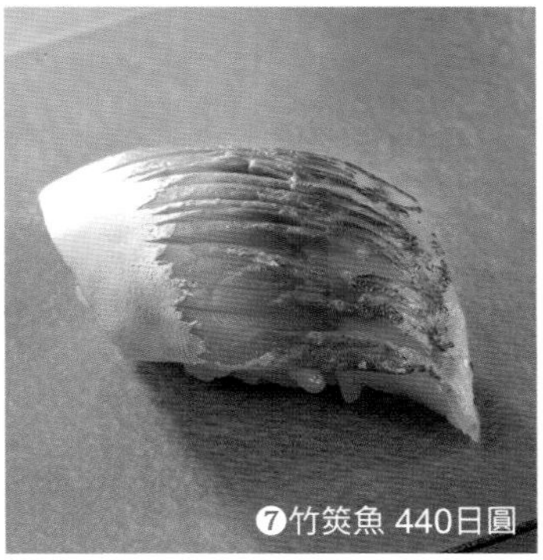

❼竹筴魚 440日圓

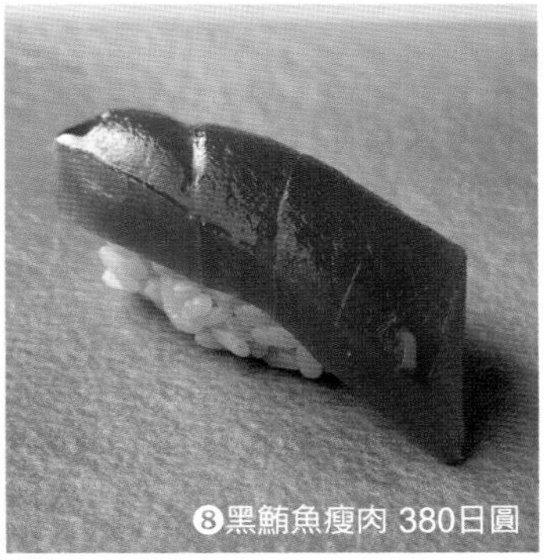

❽黑鮪魚瘦肉 380日圓

❶在內側劃上刀痕，讓烏賊嚐起來更顯鮮甜。❷經昆布醃漬濃縮魚肉鮮味。❸北海道仙鳳趾產。於上方點綴上手指檸檬果肉與岩鹽。❹蟹肉上點綴上「內子」（卵巢）與「外子」（成熟後流出卵巢的咖啡色蟹卵）。❺用鹽和米醋熟成一碗，去除腥味。❻千葉縣銚子產。❼用鹽與紅醋讓味道更富層次。❽自「やま幸」進貨。

位於住商混合大樓的地下一樓的一家小吃店門面。因為店內無法進行食材備料，所以壽司料會在築地店處理好、壽司飯會在「鮨 龍尚」炊煮調理好以後再配送過來。

每小時劃分的排隊制度提高翻桌率

壽司菜單每天一換，會在當天10點30分將菜單更新到instagram上面。可於領取入店號碼牌的時候填寫菜單。

去原價不論壓低售價的實惠價格作為強而有力吸引來客的武器。

由於「あきら」新橋店受到顧客歡迎，二〇二一年七月於東京築地又開了「あきら」築地店。目前由築地店統一承包壽司料的處理作業，壽司料來自築地店，壽司飯則是從「鮨 龍尚」配送到店。

該店會分發入店號碼牌，並採用以一小時來劃分的排隊用餐制度。剛開幕之際是等上一位顧客吃完才會輪到下一位排隊的顧客，但因為這樣的作法會讓排隊顧客最久排上四小時，自二〇二一年四月改為劃分入店時間段的制度。入店號碼牌會在11點的時候開始分發，在平日依次設定12點、13點、14點的入店時間。並採用在進店前就先填寫菜單點好餐點的事先點餐制度，省去逐一加點的時間，提高翻桌率。

由於這樣僅提供握壽司且可由一位壽司師傅製作供應的壽司店，還具有能作為培訓壽司職人場地的一大特色。「雖然只需要不斷捏製握壽司就好，但每個顧客所點的壽司各不相同，出餐順序與速度也都需要動用腦子。這樣的經驗很難在修業期間學到，所以或許也能作為新手壽司職人小試身手的地方。」（田島店主）

目前輪流進駐兩家「あきら」的壽司職人除了田島店主以外，還有三～四名人員。基於拓展支援壽司職人培育場地的這層意義，也不排除再多開幾家相同型態的店鋪。

24 香箱蟹：雌松葉蟹。

Sushi Bar MUGEN

| 東京・惠比壽 |

分租酒吧場地經營
僅以握壽司套餐一決勝負
一天兩次翻桌率，最多12名
顧客預約客滿的高人氣壽司店

套餐內容為每日更換的12貫壽司、玉子燒、味噌湯。也會時常備有四種用來加點的壽司料（各600～800日圓）。壽司飯使用在岩手縣產「高田之夢」（たかたのゆめ）米飯中混入味滋康山吹（三ツ判山吹）與白菊醋調製而成。以不會過分強調醋味的比例做調配。

主廚推薦套餐
12貫＋2道菜 5000日圓

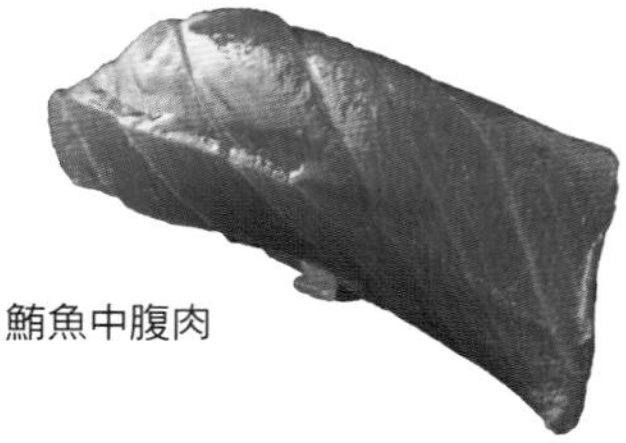
鮪魚中腹肉

春子鯛

星鰻

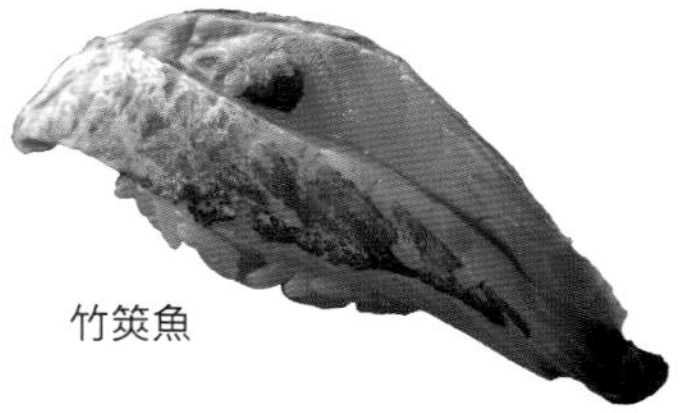
竹筴魚

以千葉縣產海鮮為主進行每日菜單更換。竹筴魚搭配細香蔥泥來增添香氣。星鰻則是用竹葉包裹起來炙烤得鬆軟飽滿。

完全預約制度，每次最多接待六名顧客，限定兩次翻桌率。喜歡音樂的小栗店主會配合音樂來改變供應的壽司順序與出餐速度。

SHOP DATA

Sushi Bar MUGEN

地　　址	東京都澀谷區惠比壽4-9-1 2樓
電話號碼	070-4039-0649
營業時間	12:00～14:00、18:00～20:00
坪數・席位	5坪・6席
定 休 日	週二・週一法定假日
客 單 價	7500～8000日圓
經 營 者	小栗陽介

配合音樂提供 正宗派江戶前壽司

僅以12貫壽司＋2道菜品的五千日圓主廚推薦套餐一決勝負，完全採用預約制的壽司店「Sushi Bar MUGEN」。二〇二一年一月於東京惠比壽開業，用年輕人負得起的售價就能品嚐到正宗江戶前壽司而獲得高人氣，連預約都排到了兩個月後。

店主小栗陽介自美食連鎖迴轉壽司踏入業界，邊打工邊學習海鮮的分切處理技術、捏製手法及數值管理等內容，掌握好壽司技術到經營知識以後就進入東京都內的高級壽司店，累積了近兩年的工作經驗。之後前往紐約，進入獲得米其林指南一顆星評價的「Sushi Yasuda」任職四年，於二〇一九年回國自立門戶。

「我在尋找店面的時候不巧遇到了新冠肺炎，租下整間店獨立經營可能需要承擔相當高的風險。整好我有個熟人經營了一間酒吧，我就找他商量了一下想在他營業時間外的時段開家壽司店。那家酒吧從21點開始營業，所以我跟他簽了21點前的店面租賃合約。先從租借別人的店面開始經營，再尋求進一步發展。」小栗店主如此說道。

由於分租到的是五坪大小六個座位的狹小店面，一天能最多能接待的顧客人數有限。不過分租店面的固定支出比獨立經營還要低，於是他便做出了只要採用完全預約制度來降低不必要的食材耗損，就能賺取足夠利潤的判斷。

因為酒吧店面能使用的設備有限，所

水針魚

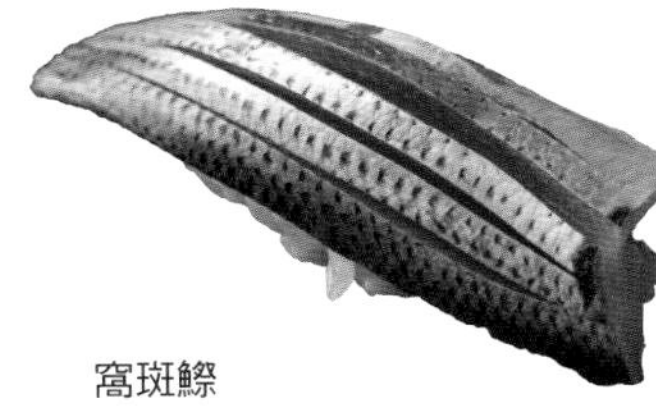
窩斑鰶

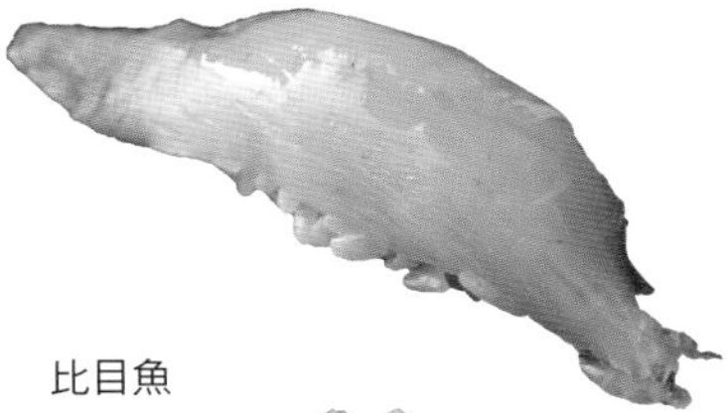
比目魚

紅肉魚

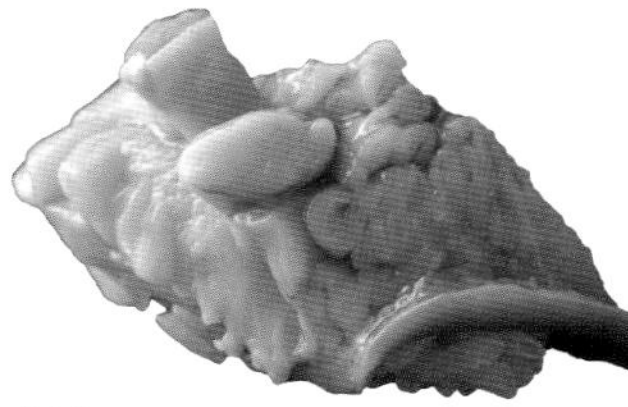
北寄貝

煮干貝

梭子魚

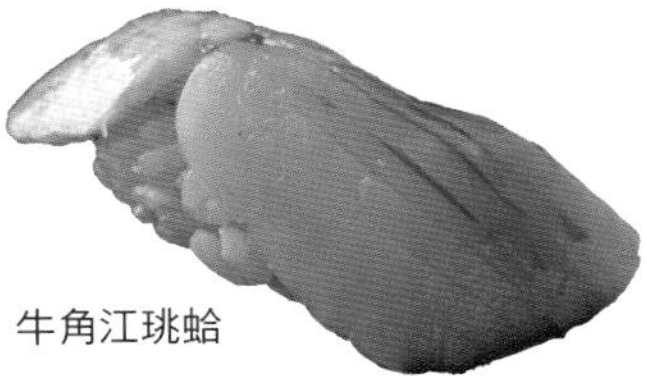
牛角江珧蛤

可謂是江戶前壽司代名詞的窩斑鰶魚，經過仔細的事先處理與醋漬工序，營造出令人印象深刻的正宗江戶前壽司形象。煮干貝則是在上面淋上甜醬汁，製作出有些不一樣的軍艦壽司新提案。

玉子燒裡添加了山藥魚肉泥，製作成長崎蛋糕風玉子燒。味噌湯的配料每日一換，照片中為海蒿苣（石蓴）。

店內備有以辛口純米酒為中心的酒款，讓晚間顧客能好好地喝酒吃壽司。

店主小栗陽介。身穿在加勒比群島被視為正式服裝的「古巴襯衫」（Guayabera）接待來店顧客，也是小栗店主的個人風格。

以壽司菜單僅提供握壽司。他在這樣的諸多侷限當中，也不忘下苦功提供讓顧客大為滿意的12貫壽司。例如面對午餐時間過來用餐的顧客，會以能在1小時內快速享用完畢的快節奏出餐，壽司飯也會捏得較大好讓顧客能吃得飽一點。相對地，晚餐時間則是會將壽司飯捏得較小一點，好讓顧客能搭配美酒一起充分享受2個小時的用餐時光。並搭配每貫壽司多出9～10g的加大魚料來提高顧客滿意度。

供應的壽司料每天一換，還會時常備有用來加點的四種海鮮魚料。海鮮會儘量選用千葉縣產漁獲，供應充滿季節感的食材。

壽司飯使用岩手縣產的復興稻米「高田之夢」（たかたのゆめ）。大而飽滿的米粒和各種海鮮都十分合拍，搭配醋味不會過重的紅醋和米醋，製作出更能帶出米飯鮮甜美味的壽司飯。

該店的經營理念為「能好好享受音樂的壽司店」。愛好音樂的小栗店主所挑選的音樂以嘻哈樂為主，依當下心境更換樂曲，在想度過悠閒時光之際播放曲調柔和樂曲、在忙碌之際播放股打貝斯樂曲。此外，配合歌曲節奏改變壽司的供應順序與出餐速度，將套餐與音樂緊密結合到一起也是該店獨有的特色。

規劃二〇二二年開設新店。小栗店主對此表示：「新的店面會增加可供應的菜單品項，沒有了時間限制也能讓顧客吃得更加盡興。」

すし銚子丸 八柱店

｜千葉・松戶｜

豐富海鮮「現點現捏」的魅力令在地顧客雲集！

位於入口正面的吧檯席採用壽司師傅站在裡面服務的供餐形式。店內80席座位常在開店就被來訪的顧客坐滿。

一般座位在桌邊設有直通廚房的專用送餐軌道（「Auto Waiter」北日本カコー㈱）。採用直接將壽司會送到點餐顧客餐桌的送餐機制。

吧檯席後方的一般座位區。以在地顧客為主，能夠輕鬆享用新鮮海鮮壽司而深獲好評。週末有不少帶著孩子一起過來的家庭客群。

店名冠上日本海鮮卸貨量最大的千葉銚子港的「すし銚子丸」（運營／㈱銚子丸）壽司店正如其店名，是一家廣受好評，以銚子港漁獲為首，選用世界各地新鮮海鮮作為食材的迴轉壽司連鎖店。

店內壽司訂有每盤一百四十三日圓～六百三十八日圓的七種價位，品項種類豐富而多元，甚至還備有每月一換的「本月活動菜單」。除了壽司以外，也供應海鮮丼飯、生魚片等有效活用海鮮的餐點。帶著濃濃季節感的菜單，且能夠享用到時令海鮮美味是其人氣高居不下的最大特色。

旗下店鋪以82間「すし銚子丸」為主，另有4間價位不同的「すし銚子丸 雅」店鋪、1間提供豐富的單點料理與套餐的「百萬石」，以及5間外帶專賣店，共計92間店鋪（二〇二一年十二月當下）。這些店鋪多分布在千葉、東京、埼玉、神奈川的首都圈。

系列店鋪中，於二〇〇三年二月在千葉・松戶開業的「すし銚子丸 八柱店」是二〇二一年十一月十六日重新整修後的最新店鋪。

以往的店鋪採用的是圍繞著吧檯席座位設置迴轉台的店內格局。藉著重新整修的契機，將店內座位空間中的吧檯座位與一般座位完全分隔開來，並更改為現點現做的形式，為每個座位提供一台可顯示餐點金額的觸控平板。

整修之際將店內格局打造成一個「展

除豐富的基本款壽司外 還可享用到每月一換的壽司

「すし銚子丸」選用自世界各地採購的高品質海鮮，其壽司除了豐富多元的一般菜單之外，還準備了每月一換的「本月活動菜單」。「八柱店」採用可顯示售價的平板進行點餐，即使是售價各異的壽司也以同樣的彩繪餐盤盛裝。

黑鮪魚中腹肉
稅後495日圓

七帶石斑魚
638日圓

竹筴魚
稅後297日圓

極光鮭魚
稅後297日圓

可立刻享用到剛捏製好的握壽司！

壽司職人在廚房確認收到顧客點餐後，就會捏製壽司放上專用送餐軌道送出餐點。現點現做的壽司大獲好評。

SHOP DATA

すし銚子丸 八柱店

地　　址／千葉縣松戶市日暮5-53
電話號碼／047-704-5550
營業時間／11:00～21:00
定 休 日／年中無休
坪數・席位／74.77坪・80席
客 單 價／2000日圓

示舞台」，讓顧客一踏入店內就會看到配置在店內，高度較低的大型吧檯座位區。透過讓進店顧客看到壽司職人接待用餐顧客的場景，展現魄力十足與門庭若市的景象。

全店採用以觸控平板進行點餐，不過吧檯座位會由場外壽司職人捏製供應。位於吧檯座位後方的一般座位則設有專用送餐軌道，將廚房內部壽司職人現點現做的壽司透過該軌道送到點餐顧客餐桌。

「迴轉壽司類的主力餐廳以往會透過彩繪餐盤讓顧客知道壽司價位，但像『八柱店』這樣已引進觸控平板的店鋪，因為平板上面會顯示餐點價格並自動結算總消費金額，所以也不需要在供餐時選用相應價位餐盤，也不需要在結帳的時候計算餐盤數量，大大提高了整體效率。」(㈱銚子丸，經營戰略室)

公司方面表示這樣的做法不僅提高了生產力，現點現做的供餐方式也降低了食材耗損量，透過專用送餐軌道讓顧客「立刻就能享用到喜歡的餐點」也帶來相當大的便利。

料理秀氛圍帶來的魅力，再加上引進了更能突顯招牌新鮮海鮮壽司的供餐方式，使其獲得了在地顧客的大力支持。

美登利 昌
成城店

｜東京・成城｜

店鋪位於小田急線「成城學園前」車站徒步約5分鐘的地方。經由大樓深處的電梯進到店內。

上門的顧客多是希望在舒緩寧靜的氛圍裡，輕鬆愜意地享用優質壽司。採用分批的完全預約制度，午間晚間各兩梯次。

壽司、料理與店鋪皆優質。「梅丘 寿司の美登利」所開發的高級餐飲店鋪

供應主廚推薦壽司。當天選購並處理好的生魚並不會放入冷藏展示櫃中，而是放入檜木盒中做準備，在顧客面前展示說明。

一九六三年（昭和三十八年）東京世田谷私鐵「梅丘」車站前開設總店。附上整條「元祖星鰻」的握壽司是該店話題性十足的招牌壽司，再加上還能以合理的價格享用到正宗壽司，使得「梅丘寿司の美登利」來店顧客絡繹不絕。該店甚至生意興隆到近年來為了減少店外等候入店的排隊人龍，而在該店官網上面「受理候位」。

該店目前除了既有的運營型態店鋪之外，還開設了立食壽司、迴轉壽司等共計19間店鋪。並在海外開設六家特許加盟店（Franchise Chain）。二〇二一年十一月進一步開設了新型態餐廳「美登利 昌」。順帶一提，其店名取自該餐廳社長梅澤昌司之名，可謂是社長苦心孤詣打造出來的店鋪。

「美登利 昌」是一家與以往的「梅丘寿司の美登利」截然不同的高級路線餐廳。採取分批的完全預約制度，午間晚間各兩梯次。客單價為午間五千日圓、晚間一萬六千日圓。

該店座落在與本店同條地鐵路線上的高級住宅「成城學園前」車站附近，一棟距離車站徒步約五分鐘的大樓地下室。「隱密感」十足的地理位置令喜愛壽司的人都不惜遠道而來。

美登利在發展高級餐飲店鋪「昌」之際，便定下了秉持開業之初標榜的「以合理價位提供美味壽司」的理念基礎，確保下個運營方向的高單價營利的同時，讓年輕壽司職人的壽司技術得以有

晚間套餐的料理包含前菜、生魚片、燜蒸料理、煎烤料理、燉煮料理、水果十項料理。套餐內容基本上是每月一換，用的魚視採購狀況而變。器皿大多使用備前燒。

吧檯使用樹齡二百年以上的東濃檜木。透光天花板鑲嵌了京都的「晒竹」，打造成光影交錯的空間。四面牆壁打造成曲面設計，極力降低壓迫感。

用室內裝修營造氛圍 讓顧客期待感高漲

走出電梯的空間牆面採用燒杉，與店內的明亮形成鮮明的對比，提高顧客心中的期待度。

壽司與料理皆多彩。豐富品項魅力十足

SHOP DATA

美利登 昌 成城店

地　　址／東京都世田谷區成城6-12-6 A*G成城學園前B1F
電話號碼／03-6411-2280
營業時間／11:00～15:00（最後點餐14:00） 17:00～22:00（最後點餐21:00）
定 休 日／年底年初
坪數・席位／14.7坪・12席
客 單 價／午間5000日圓、晚間16000日圓

套餐含有12款壽司。壽司飯約8～10g。壽司米使用山形縣產限定品「つや姫 雪むろ米」。壽司醋裡添加了紅醋變換風味。

壽司盛放在帶有緋色線條的壽司盤子裡做供應。為了表現出穩重感而在側邊與上面劃上紋路。

所承續的目標。接受新運營型態餐廳給予的反饋也能讓旗下面向新時代的所有餐廳提升整體吸引力。

「昌」基於以上種種理由，與歷來的經營型態大相逕庭，食材、味道、店鋪格局等各方面都十分講究尋求高級化。

店內裝潢設計也採用與高級住宅區相映襯的舒適裝修。吧檯使用樹齡兩百年以上的東濃檜木。托盤則是秋田柳杉。擺放台、砧板、天花板也都是檜木，透光天花板裡嵌入京都的「晒竹[25]」，營造出光影交錯的空間。此外，部分天花板與牆面搭配曲面設計，打造出自然將人環抱其中的空間。

餐具使用簡單樸素卻怎麼也用不膩的備前燒器皿。多使用傳統工藝作家組織起來的日本工藝協會正會員岡安廣宗所燒製的陶器。酒用器品則使用錫製品。

壽司與料理皆由主廚一手安排。料理基本上是每月一換，海鮮也會根據採買狀況每日更換。

其中與現有經營路線差別最大的是壽司。因為下酒用的壽司，所以壽司飯捏得比較小。相對於既有餐廳18～20g的醋飯，「昌」則是8～10g。壽司米採用山形縣產限定品「つや姫 雪むろ米」。雖和既有餐廳使用相同比例的壽司醋，但會再添加少許紅醋。此外也有額外添加鹽巴、醬油製成的東西。海鮮也另外進貨，知名的「星鰻握壽司」也使用自行滷煮好的星鰻。

25 晒竹：經過曝曬等除油步驟處理過的竹材，因顏色變白又稱白竹。

特別報導

挪威鮭魚＆鯖魚對自然與人體都友好

挪威水產的潛力就在於友善地球

SEAFOOD FROM NORWAY

漁業大國挪威的永續性水產漁業受到世界各地矚目。在日本深受歡迎的挪威鮭魚&鯖魚所含的高營養價值更是魅力十足。挪威水產的潛力就在於對大自然與人體都十分友好的「友善地球」。挪威水產的重要程度對日本壽司店自不必說，在世界各地的壽司業界中也佔據了越來越重要的地位。

迅速著手永續漁業並不斷持續進化

位於斯堪地那維亞半島西側的北歐國家．挪威，在其引以為豪的卓越自然環境與清冽的海洋孕育出來的水產是世界公認的高品質。它雖是個人口僅有日本二十分之一的小國，卻是位居世界第二的水產品出口國。挪威作為這樣的漁業大國迅速著手的是友善自然還經的永續（可持續）發展漁業。挪威海產推廣協會（NSC）日本．韓國擔當主任Johan Kvalheim針對該段歷史進行了以下說明。

「如同過去世界各國所經歷的那般，挪威也能曾有一段資源管理體制尚不健全的時代。一九六〇年代，濫捕造成鯡魚產卵量驟減，陷入即將面臨資源枯竭的窘境。後來在反思之下於一九七一年制定了漁獲規則。一九八七年首任挪威女首相葛羅．哈林．布倫特蘭德（Gro Harlem Brundtland）強調了『滿足當代需求，且不損及後代滿足其需要之發展』的重要性，讓更多人認識到了『永續發展』的概念。目前採用行政與水產業界合為一體的最新體系，實踐永續發展漁業。」

挪威永續發展漁業的進化，在日本備受歡迎的挪威鮭魚養殖與挪威鯖魚的漁獲中都可見一斑。例如在一九九〇年代以來，挪威鮭魚產量增加的同時也減少了99%的抗生素使用。魚飼料也改良為相對友善環境的原料，比如採用不會對森林造成破壞的方法培育出來的大豆。

此外，與周邊各國協議的漁獲量中，挪威鯖魚的捕撈旺季鎖定在九月～十一月。確保永續發展的同時捕獲肉質最肥

於2020年12月就任挪威海產推廣協會（NSC）日本・韓國擔當主任的Johan Kvalheim。

挪威鮭魚&鯖魚 × 用江戶前的技術拓展壽司魅力

新鮮而優質的挪威鮭魚在江戶前壽司中也獲得了極高的評價。在一味捕撈天然海魚可能會導致海洋資源枯竭的疑慮中，發展出能夠保全食品需求與守護自然環境的高度養殖技術生產漁獲，這一點使得挪威鮭魚在江戶前壽司中佔據越來越重的分量。

身為創業自明治20年的名店「都壽司本店」（東京日本橋蠣殼町）第四代，同時兼任全國壽司商生活衛生同業組合連合會會長一職的山縣正先生也作出如下表示。「挪威鮭魚的重要性逐年提升。不僅高品質，還有易於使用的半身鮭魚片[26]。甚至還實現了安全、安心以及穩定供給的挪威鮭魚對江戶前壽司店來說是非常難能可貴的食材。如今有不少過去曾經輕視過養殖魚的江戶前壽司店，也開始採用挪威鮭魚。除此之外，海外壽司的等級也比以往提升了不少。只要海外市場也越來越追求『真正美味的壽司』，挪威鮭魚的需求就會向上攀升。」

隨後該店還示範製作了挪威「生鮮鯖魚」壽司。負責製作的是第五代的山縣秀彰先生，他對此表示：「挪威鯖魚脂肪含量更加豐富。只要妥善運用這項特色，再加上江戶前壽司的烹調手法，就能催生出吸引力十足的壽司。」實際示範製作的壽司，採用昆布漬魚與醬醃等手法，更加突顯挪威鯖魚的美味。在「挪威鮭魚&鯖魚×江戶前壽司技術」的組合下，壽司的魅力似乎又更上一層樓。

「都寿司本店」第四代山縣正（中間）、第五代山縣秀璋（左）、Johan Kvalheim。

照片外側為昆布漬、醬漬、炙燒挪威鮭魚。照片內側為昆布漬、醬漬、醋漬挪威鯖魚。二者皆搭配最佳鹽度並適當逸散水分，濃縮美味以後再製作成壽司料。醬漬挪威鯖魚的醃漬醬裡添加了鯖魚柴魚片，透過這樣的小細節加倍提升美味程度。

美的鯖魚。並進一步管理每艘漁船的漁獲量，以法規禁止漁船將捕撈到的鯖魚再次丟回大海。如果捕撈上來的鯖魚太小，就意味著該海域的鯖魚很可能還未完全成熟，漁船間間也會共享這類資訊，致力於不白白浪費每一條魚的生命。

開始向日本空運「生鮮鯖魚」。挪威鯖魚的新選擇！

挪威鮭魚不僅有著生鮮到貨的新鮮度，其豐富的Omega-3脂肪酸與維生素C也極具魅力。脂肪含量豐富的挪威鯖魚中也含有豐富的Omega-3脂肪酸DHA與EPA。能這樣攝取到有益人體優質蛋白質的挪威水產品，也能滿足世界各地的食品需求。其中已經出口一百四十個國家的挪威鮭魚更是左右世界壽司人氣的壽司料，也有不少日本江戶前壽司店使用挪威鮭魚。

而挪威也在二〇二一年開始向日本空運「生鮮鯖魚」。雖然僅限於九月下旬至十一月上旬的這段時間，但這些富含脂肪的挪威鯖魚會跟挪威鮭魚一樣，以到港卸貨起約36小時的新鮮狀態送抵日本。

「這是在日本貿易公司的品管負責人給出的『挪威鯖魚非常高品質，能否在生鮮狀態下出口到日本？』提議下，才著手展開的。一年到頭都能享用到其可口美味的『冷凍鯖魚』，以及在捕撈旺季才能享用到的『生鮮鯖魚』。我們希望透過這兩種供應方式，能讓挪威鯖魚的吃法與享用方式更加多元。」

因為多了「生鮮鯖魚」這個新的選項，一些對食材品質更為講究的江戶前壽司店，對於友善自然環境與人體且高品質的挪威水產品的又提高了不少關注度。

26 半身鮭魚片：去掉魚頭、內臟、魚鰭、魚骨、魚皮等部位的半身魚肉。

國際壽司認證協會代表理事風戶先生（左）在經營千葉．稻毛海岸高人氣壽司店「さかえ寿司」的同時，也致力於舉辦協會講座與認證考核活動。擔任理事．認證講師的小川先生（右）在新冠肺炎之前，一年奔走25～30國，力行不輟地進行推廣活動。

特別訪談

因壽司風靡世界而備受矚目的挪威水產品的更多可能性

隨著壽司在世界各地擁有越來越多的高人氣，可想而知挪威水產品今後將扮演更加重大的角色。在此便針對挪威鮭魚的魅力與挪威水產品的可能性，向「一般社團法人 國際壽司知識認證協會」代表理事風戶正義，及理事．認證講師小川洋利進行訪談。

Q．國際壽司知識認證協會延續全國壽司商生活衛生同業組合聯合會的「壽司知識海外認證制度」活動，於世界各國舉辦講座與認證考核。請先講述一下活動近況與成果。

風戶：

近兩年的活動雖因新冠肺炎而大受侷限，但希望參加講座與認證考核的廚師人數驟增。從這一點就能看出壽司在各國之間的人氣居高不下。

我們的責任便是在於將正確的知識與技術推廣到世界各地，幫助提升各國壽司師傅的地位。十項作業流程當中的一至五項為處理生魚時的衛生管理知識與技術，我們做的事情就是把這個重於一切的基本原則告訴大家。

小川：

我是在二〇一二年參與活動的，猶記得當時壽司師傅的地位很低。不過我近年走訪各國，親身感受到壽司師傅的地位有了明顯的提升，這一點令我感到非常高興。

Q．您如何看待挪威鮭魚人氣與魅力更進一步的發展潛力？

風戶：

挪威鮭魚在世界各地已具有壓倒性的高人氣。其最大的魅力就在於品質穩定，不會良莠不齊。不論哪個國家都能用到既新鮮又高品質的挪威鮭魚，對壽司師傅來說已經是一項不可或缺的壽司料。因採用養殖而能確實追蹤產銷履歷也是其一大優點。

小川：

我們教了世界各地的壽司師傅，用挪威鮭魚製作壽司的時候，要先用鹽巴適當去掉水分的江戶前壽司製作手法。我們讓超過十個國家的壽司師傅品嚐比較用鹽處理跟沒用鹽處理過的挪威鮭魚壽司，有90％以上的壽司師傅回答用鹽處理過的鮭魚壽司更加美味。

我們透過這樣的基本技術推廣，讓世界上更多人都愛上挪威鮭魚壽司。此外，挪威鮭魚非常適合拿來搭配各種醬料與食材，所以也具有相當大的開發空間。

風戶：

我曾陪同安倍前首相參加達沃斯世界經濟論壇，在當地展示壽司料理製作出來的，在壽司上方點綴了自製辣油的鮭魚壽司大受好評。從江戶前傳統作法的醃漬處理，再到像這樣添加辣味醬料的作法能製作出各種美味壽司的萬用壽司料正是挪威鮭魚。

Q．對挪威其他水產品抱有何種印象？

小川：

挪威海鮮整體的品質都很高。舉個例子來說，如果要我拿挪威魚貝類製作非「江戶前」的「挪威前」壽司，大概就是鮭魚、干貝、海膽、牡丹蝦、大比目魚、鱈魚了吧！我從中備受自然環境眷顧的挪威優質水產品裡面感受到了壽司料的極大可能性。

Q．請透露一下今後的展望與活動方針。

風戶：

我們會更加致力於讓世界各國壽司師傅實力更上一層樓。比方說，在「黑帶認證」制度下出現了不少更加高級別的壽司師傅。在「壽司世界盃」（WORLD SUSHI CUP®）大賽獲獎還能站上更加寬廣的舞台，實現對壽司懷抱的理想抱負。

此外，我們的「壽司調理衛生知識」獲得「世界廚師協會」法國總部的認可，也開始有不少法國廚師紛紛表示希望參加講座。正確處理生鮮魚類的知識與技術，對這些希望拓寬料理領域的世界廚師來說，將會是越來越不可或缺的一部分吧！

壽司店 下酒菜的技術

醋醃・涼拌・小鉢料理

鶴林 吉田 靖彥

壽司店絕對少不了下酒菜、醋漬菜和涼拌菜。可口美味的小菜會提高顧客對店家的評價，好酒一杯又一杯。土佐醋、薑醋、蘋果醋、涼拌翡翠、蕪菁千枚漬、和風黃芥末涼拌菜……等，透過改變調味醋的種類、涼拌醬汁的多樣化來增加料理的可運用範圍。藉由不同的食材組合、烹調的技術來進一步提高料理的魅力。

和風黃芥末醋味噌醬

用醋味噌＋土佐醋調合味道。

在玉味噌裡面加醋、加水調合的和風黃芥末，製作出風味芳醇中又帶了點酸味與辣味的味噌醬，也就是所謂的「ぬた」（醋味噌），和珠蔥、土當歸這種氣味獨特的蔬菜都很對味。如果單單只有和風黃芥末醋味噌醬，吃起來會過於濃郁，所以會再添加餘味清爽的土佐醋平衡整體味道。但若將兩種調味混合到一起，顏色會變得不太好看，所以這兩個調味料會分開來添加，將土佐醋注入容器之中，醋味噌則是直接淋到食材上面。可以品嚐前再混拌，或是沾取，提供顧客多樣化的享用方式。

◆應用

若使用珠蔥，可選用赤貝、星鰻等食材來做搭配。

干貝佐和風黃芥末醋味噌醬

汆燙後放涼打結並醃泡入味的珠蔥，搭配直火大致炙烤過的干貝（牛角江珧蛤）、事先調味好的紅蒟蒻與利休麩色彩繽紛地盛放到容器之中，淋上醋味噌再沿著容器邊緣注入土佐醋。

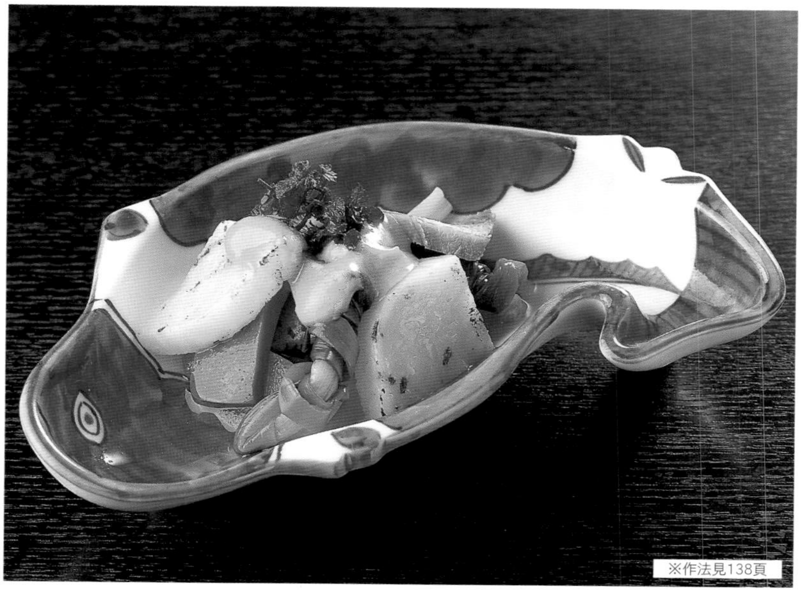

※作法見138頁

和風黃芥末醋味噌醬的技法

1 玉味噌放入研磨缽裡，加入以水調開的和風黃芥末與醋。
2 充分研磨至整體呈細緻滑順狀。

土佐醋的技法

1 高湯與調味料倒入鍋中煮滾以後關火，加入鰹魚柴魚片。
2 放涼以後用布過濾。

蘿蔔泥調味醋

充分擠去水分的蘿蔔泥加上土佐醋與香橙皮屑增添風味。

此調味方式正如其名，是將材料拌入蘿蔔泥調味醋，讓涼拌菜吃起來更顯清爽的技法。因為大多會搭配土佐醋做使用，所以也會稱為「みぞれ酢」（蘿蔔泥調味醋）。白蘿蔔本身的味道及微辣跟海鮮、肉類都很對味。由於若是直接使用主要材料蘿蔔泥會導致醬汁過稀，所以用壽司竹簾稍微用力擠掉水分再做使用。在蘿蔔泥裡添加香橙（日本柚子）皮屑還能提高香氣，讓不太容易接受海參與貝類海鮮腥味的顧客也能入口。此外，蘿蔔泥調味醋除了用在涼拌菜裡面，也能作為炸物的沾醬，起到讓油炸菜品吃起來更加爽口的作用。

◆應用

可以搭配貝類與章魚。也可以用來做醋漬竹筴魚和鯖魚等料理的醃泡汁。

海參佐香橙蘿蔔泥

將煮軟的海參與山藥、枸杞一起，放入加有香橙皮屑的蘿蔔泥調味醋裡涼拌。完成前撒上切成末的香橙皮，以此在咀嚼間更添柑橘芳香。

※作法見138頁

蘿蔔泥調味醋的技法

蘿蔔泥不僅能促進消化，還能發揮讓海參變得軟嫩的效果。並透過添加香橙等柑橘類食材，發揮維生素C抗氧化的作用。

海參浸泡於高湯之中 讓肉質變得軟嫩

1 海參切除兩端後擠壓，取出內臟（海鼠腸[27]）。

2 切成5mm厚度的圈狀，放入煮滾離火的吸地八方高湯裡浸泡。

3 覆蓋上保鮮膜並靜置至冷卻，海參就會變得軟嫩。

27 海鼠腸：このわた。鹽漬海參內臟。

蛋黃醋

蛋黃與土佐醋隔水加熱攪拌直至整體成濃稠滑順狀。

蛋黃醋是一種在土佐醋裡添加蛋黃隔水加熱，攪拌至濃稠滑順狀的調味醋。雖是醋味醬料卻不再有刺鼻的味道，嚐起來溫和圓潤而美味。蛋黃的芳醇味道和風味清淡的食材十分對味。製作蛋黃醋的重點在於要將土佐醋與蛋黃放入鍋中，隔水加熱的同時用打蛋器充分攪拌至整體質地呈細緻滑順的狀態。攪打至整體濃稠後離火，隔著冰水降溫，避免熱度過高。由於製作好以後能放上一週，一次性做足分量就能運用到各種料理當中，十分好做運用。

◆應用

適合搭配風味清淡的白肉魚、螃蟹、蝦子、日本鳥尾蛤、赤貝等貝類。還有鴨肉。

蛋黃醋拌小章魚

短爪章魚（飯蛸）用添加了醬油與醋的熱水汆燙至呈好看色澤以後，淋上滑順的蛋黃醋。容器裡還配色講究地點綴上鹽煮鮮蝦、高湯竹筍、酪梨與蛇腹小黃瓜。

※作法見139頁

蘿蔔泥調味醋的技法

在土佐醋裡添加蛋黃，隔水加熱攪拌至質地濃稠滑順。

讓章魚吸附調味湯汁

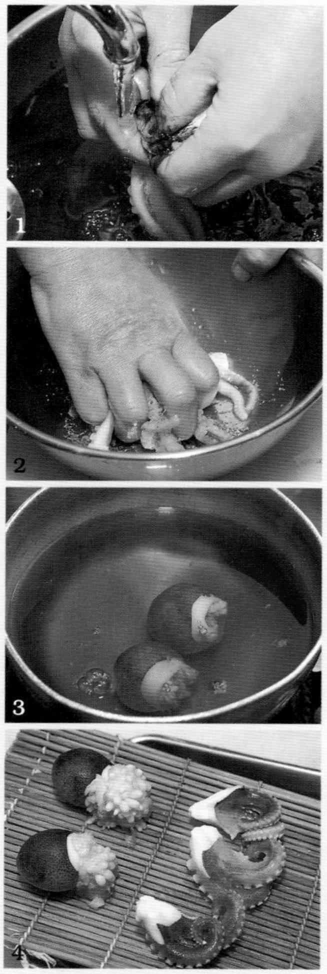

1 切開章魚頭取出墨囊。
2 切離章魚頭與章魚腳，切下章魚腳，僅在章魚腳上抹上鹽巴。
3 章魚頭放到添加了醋與醬油的熱水裡汆燙。醋能讓章魚變軟，醬油則能增添色澤與香氣。章魚腳稍後放入。
4 燙煮至現出色澤。

和風黃芥末涼拌醬汁

在冷卻的高湯裡添加和風黃芥末以此更添香氣的和風黃芥末涼拌醬汁。

◪ 和風黃芥末涼拌醬的技法

這是一種在高湯裡添加味醂、淡口醬油與鹽巴加熱煮滾放涼以後，混入加水調合的和風黃芥末的醬汁技法。和風黃芥末的辣味與香氣能去除食材獨特的澀味與異味。製作此涼拌醬汁要特別注意的是，和風黃芥末特別不耐高溫，若是在熱度尚在之際就添加會損及辣味，所以要等高湯放涼以後再做添加。雖然食材也會事先做個別調味，但不會在一開始就用和風黃芥末涼拌醬汁直接混拌，而是先取少量醬汁混入食材當中吸附高湯，擰去水分後再用剩餘的醬汁涼拌。這樣的作法能製作出湯汁不會過多卻又風味充足的美味涼拌菜。

◆應用

除了搭配較澀的蔬菜、味道較濃的貝類之外，也很適合搭配味道清爽的雞肉。

1 調味好的高湯放涼以後，加入加水調合好的和風黃芥末，製作和風黃芥末調味醬汁。
2 舀起少許和風黃芥末調味醬汁淋到已做好個別調味的食材上面，稍微混拌均勻，讓食材吸附醬汁。
3 用力擰去水分。
4 加入和風黃芥末調味醬汁混拌均勻。

依食材的不同事先浸泡醬汁

油菜花用鹽水汆燙以後放到涼拌醬汁裡浸泡。利休麩燙除油分以後放到高湯裡滷煮與浸泡。

和風黃芥末涼拌赤貝油菜花

用和風黃芥末涼拌醬汁混拌切成細長條狀的赤貝，以及經過個別事先調味的油菜花、粗豆芽菜、利休麩。完成前撒上芝麻碎可以更添香氣。

※作法見139頁

涼拌蕪菁千枚漬

添加蕪菁千枚漬
增加口感與恰到好處的酸味。

在小缽料理當中運用各種味道組合，能帶出更具有深度的風味。說是在小小的容器裡面做味道的組合嘗試也不為過。在此例舉的「酒盜漬甘鯛 佐蕪菁千枚漬」裡頭便是將甘鯛浸泡過酒盜汁的鹹辣與鮮味、蕪菁千枚漬的甘甜與酸味，以及山葵花的辣味組合到一起。其中蕪菁千枚漬的存在感特別大，其獨特的酸味能讓味道更顯層次，起到畫龍點睛的作用。而在此料理中扮演融合整體味道角色的食材正是「秋葵糊」。利用秋葵黏液來統合整體風味，且其本身並沒有什麼強烈的味道，不會影響到各項食材的味道。

◆應用

也可以用紅喉（赤鯥）替代甘鯛（馬頭魚）。

統合整體風味的秋葵糊

1 秋葵用鹽巴搓洗掉絨毛以後汆燙，趁熱取出種籽，添加高湯用食物調理機攪拌。

2 攪拌完成的秋葵糊。

酒盜漬甘鯛 佐蕪菁千枚漬

甘鯛使用放到酒盜汁裡浸泡15分鐘以後取出，風乾2小時濃縮鮮味並經烤箱炙烤過的鯛魚。以帶有辣味的山葵花與千枚漬做提味，全部混合到一起享用。

※作法見139頁

蘋果醋

蘋果的甘甜與酸味
搭配風味芳醇的米醋。

此處的蘋果醋是以土佐醋為基底，在其中混入蘋果，調製成味道醇和不刺鼻，風味清爽而香氣馥郁，連不喜歡吃醋的人也能接受的果醋。選用紅玉與富士蘋果這種又酸又甜的品種，去皮蒸煮以後過濾，再添加土佐醋與米醋、檸檬汁。之所以蒸煮蘋果是為了帶出甜味並防止變色。添加米醋與檸檬則是因為如果只有土佐醋會過甜。米醋則是用來讓調合好的蘋果醋味道更加醇和。由於蘋果醋容易變色，風味也容易跑掉，所以一定要在供應之前才製作而不預先做好。

◆應用

由於醋的風味醇和，也很適合搭配銀魚、烏賊、干貝等風味清淡的食材。

蛋香酥炸銀魚
佐蘋果醋

銀魚裹上添加了馬鈴薯澱粉的蛋黃後，油炸成蛋香酥炸魚，搭配醃泡過土佐醋的土當歸、炸蠶豆與蘋果醋。蘋果醋可以直接盛裝在容器裡面，也可以用淋的。

※作法見140頁

生薑醋

以土佐醋為基底，最後於供應前添加薑汁。

生薑醋使用的是在土佐醋裡添加了薑汁的調味土佐醋。薑汁的分量可以依照搭配的食材調整配比。在高湯鮮味突出的土佐醋裡添加薑汁，調配出餘味清爽的生薑醋。誠如先前在第１１１頁「蘿蔔泥調味醋」也曾提到過的，土佐醋是講究高湯鮮味與風味的料理店最基本的調味醋材料。一般會在三杯醋裡追加鰹魚增添鰹魚柴魚風味。這裡使用的是昆布漬水針魚，但因為魚身扁薄容易吸收鹽分，所以在撒鹽跟用昆布醃漬的時候都要特別留意不要醃得太鹹。所有食材切成同樣的大小，能在擺盤的時候更顯繽紛好看。

生薑醋的技法

在土佐醋裡添加現擠薑汁。擠薑汁的時候把薑泥放入棉布裡面包裹起來，就能充分擠出薑汁又不摻雜殘渣。

昆布漬水針魚

將昆布漬水針魚、日本對蝦、竹筍、四季豆、土當歸、干貝切成相同粗細大小，再佐搭生薑醋的醋漬涼拌菜。日本對蝦用花結串穿起來以鹽水燙煮成直條狀。

※作法見140頁

南蠻漬

六線魚現炸好以後不瀝油，放入南蠻醋裡醃泡入味。

這是一種將魚肉炸得酥脆，不瀝油直接浸泡到南蠻醋裡醃漬入味的烹調技法。南蠻醋是在高湯裡添加醋、淡口醬油、味醂、砂糖、酒、鹽巴、鷹爪辣椒煮滾後製作而成，帶有甜味與酸味圓潤的醃漬醋。醃漬用魚若是西太公魚跟小竹筴魚一類的小魚會整尾使用，若是海鰻、大瀧六線魚這類刺多魚則會劃上細密刀痕切斷魚刺，再切成一口大小。魚若不經油炸，南蠻醋很難醃漬入味，但要是炸得太過酥脆又會容易泡得變形，這一點需要特別留意。順帶一提所謂的南蠻指的是以蔥與辣椒為主的料理，也是南蠻漬不可或缺的調料。

◆應用

除了魚類之外，搭配也很對味。

南蠻漬的技法

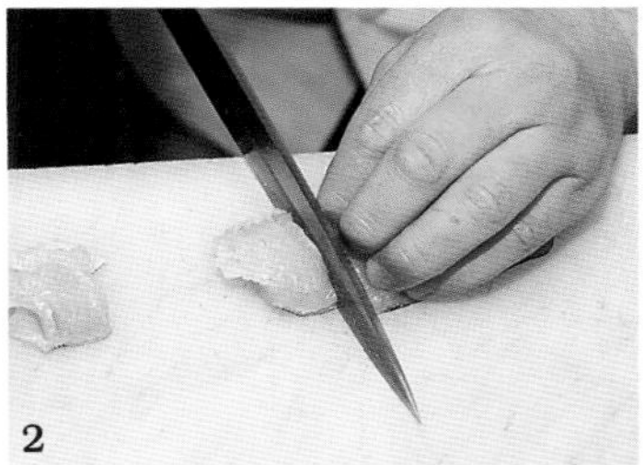

1 洋蔥與紅、黃甜椒切成薄絲，大致翻炒過一遍。
2 大瀧六線魚邊劃上刀痕切斷魚刺，邊切成2cm寬度。
3 撒上薄薄一層葛粉，用170～175℃熱油酥炸3分鐘，靜置3分鐘再用180℃熱油酥炸1分鐘。
4 不瀝油直接放入南蠻醋裡浸泡。
5 加入步驟1的蔬菜，浸泡大約2小時。

南蠻醋六線魚

劃斷細刺的大瀧六線魚撒上葛粉油炸兩次，放入添加了洋蔥等蔬菜的南蠻醋裡浸泡。佐附烤水果番茄，最後再撒上作為提味用的黑胡椒。

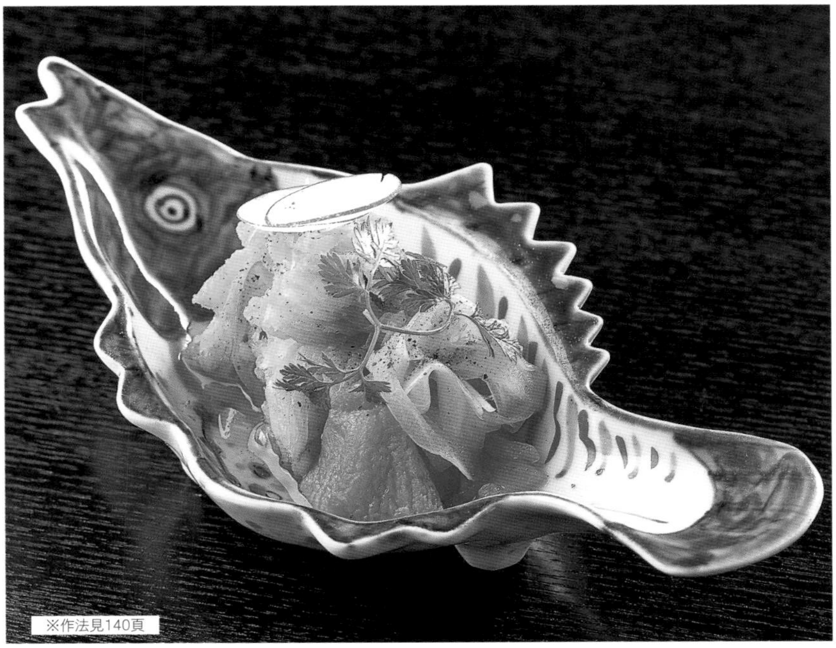

※作法見140頁

花椒芽味噌醬

先讓每樣食材充分吸收高湯風味，再以香氣四溢的「花椒芽味噌醬」調合味道。

花椒芽味噌醬雖在「花椒芽味噌燒」裡作為煎烤味噌調料使用，但這款味噌醬作為燙煮料理的淋醬也同樣美味。由於風味濃郁，所以基本上都會搭配已充分吸收高湯的食材。經過去澀、浸泡醋水等事先處理，再用高湯滷煮或浸泡到高湯裡面吸收入味，盛放到容器裡面淋上芳香四溢的花椒芽味噌醬統合整體風味，完成一道小缽料理。切成丁狀的竹筍與烏賊等白色食材更能烘托翠綠，所以有時也會拌入花椒芽味噌醬再做盛盤，但若是搭配數項食材的情況則作為淋醬澆淋，既能更顯美觀又能展示食材。雖然花椒芽味噌醬不怎麼挑食材，但此處搭配正值產季的早春食材，享用當季新鮮美味。

竹筍鱈魚白子
佐花椒芽味噌醬

將各自做好事先處理的鱈魚白子、竹筍、土當歸、油菜花等春季時令食材盛放到一起，再淋上花椒芽味噌醬。撒上百合莖鱗片，營造春季風情。

※作法見141頁

涼拌翡翠

活用豌豆鮮嫩的翠綠色，並充分運用僅有鹽巴的調味。

涼拌翡翠裡的翡翠色，使用豌豆等嫩豆筴的過篩鹽煮嫩豆泥。這種豆泥被稱為「翡翠餡」（若草あん），而關西會將嫩豆筴的豆仁稱為「うすい豆」，故而又稱為「うすい餡」。這裡為了充分運用嫩豌豆仁的風味與甜味，僅以鹽巴做調味。搭配日本對蝦與蕪菁等風味清淡的食材來充分享受豌豆本身的美味。

由於豆泥鮮豔的翠綠色、香氣與甜味都會隨著時間減損，所以不會預先做起來放。豌豆仁一定要在供應前鹽煮，趁熱剝去薄皮壓成泥過篩，再用鹽巴調味。

◆應用

改用蠶豆與毛豆以同樣的製作方式燙煮過濾，作為翡翠泥使用。使用毛豆則稱為「涼拌毛豆泥」（ずんだ和え）。

用花結串穿起日本對蝦

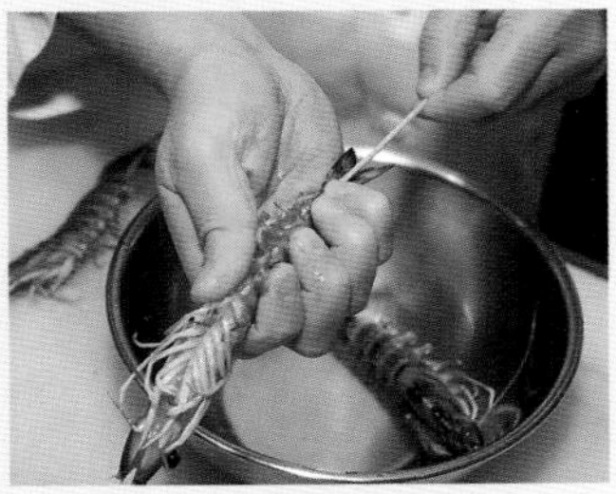

從蝦尾沿著蝦殼直直穿入花結串再汆燙，就能燙煮出筆直的蝦子。

翡翠日本對蝦

日本對蝦用花結串穿起來以鹽水燙煮成直條狀，切成1cm大小。與切成1cm丁狀的鮑魚及高湯燙煮過的蕪菁一起拌入剛做好的豌豆泥。

※作法見141頁

八方醋凍

配合食材將能喝得精光的「八方醋」製作成最佳的凝固程度。

在比例偏多的高湯裡，添加米醋至酸味溫和恰到好處的八方醋是款能讓人將之一飲而盡的調味醋。雖然醋的比例會隨食材而調整，但高湯的量為醋的6～10倍。此處在八方醋裡添加了吉利丁片製作成果凍狀，淋到赤貝與干貝上面，製作成外觀清涼感十足的小缽料理。製作成凝固一點的果凍狀能有更寬裕的時間去享用到現做醋凍的彈嫩口感，製作成不太凝固的水潤果凍狀則會更容易裹覆到食材上面。要搭配用筷子享用的食材就會製作成凝固一點的凍狀，搭配用湯匙食用或啜飲的食材則會做成半凝固的凍狀，視容器內的食材分量舀入剛好可以搭配吃完的量。這道小缽料理會稍微再多舀入一些半凝固醋凍，好讓顧客能滑順地吃完鋪在底部的山藥。

◪ 八方醋凍的技法

配合食材盛裝的分量舀入醋凍。這道小缽料理為了便於顧客滑順地享用完鋪在底部的山藥，會再多舀入一點醋凍。

帶出食材本身的鮮味

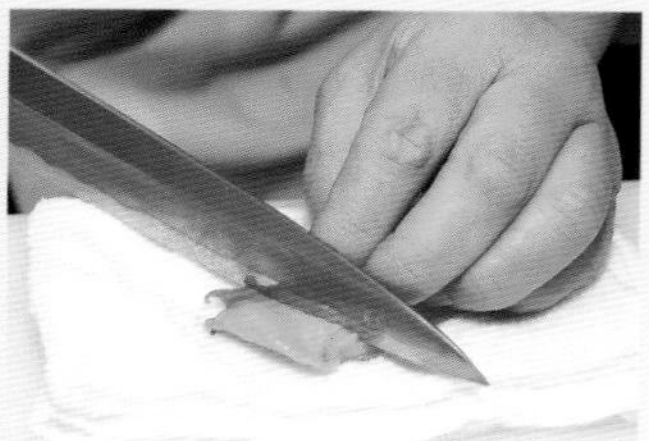

1

2

3

1 赤貝劃上刀痕，使其更易於食用也更能品嚐到貝肉的鮮甜。
2 干貝撒上薄鹽，在表面炙烤出烤痕來帶出干貝的鮮甜風味。
3 水果番茄撒上薄鹽，靜置1小時以帶出番茄的甘甜鮮味。

赤貝干貝佐八方醋凍

山藥切成細絲狀鋪放到容器之中，色彩繽紛地擺放上赤貝、干貝、迷你秋葵與水果番茄，舀入分量略多的半凝固八方醋凍。

※作法見141頁

流傳於日本各地的「裏壽司」研究

愛知淑德大學教授　日比野 光敏

照片① 日本朴厚樹葉捲包的朴葉壽司（奈良縣下市町）　照片② 以櫻花葉捲包的松皮[29]鯛魚握壽司（京都市右京區）

前言

近來在新冠肺炎疫情的影響下，不輕易觸碰他人用手觸摸過的東西已經成為一種約定俗成的習慣。這樣的風氣在食品業界更是到了一種風聲鶴唳的地步，但凡有人徒手去拿取或接下他人製作的食物，甚至還會給人一種受到冒犯的感覺。以往顧客直接用手拿取壽司師傅徒手製作出來的握壽司享用是很稀鬆平常的一件事，據說吃完要回去之前還會在店家的掛簾上面擦拭弄髒了的手指（所以生意好的壽司店掛簾大多很髒），但若站在如今的社會環境下來看，簡直就是難以置信的作法。

而當我們將目光放到一般家庭的壽司，就會發現其中存在著幾種如同預測到如今社會風氣似的「裹壽司」28。這類壽司原本只是為了避免做好的壽司暴露於空氣當中、避免和其他壽司黏在一起，但如今似乎也可當作是日本人特別愛乾淨一種優良文化看待。在此將為您介紹日本各地各式各樣的「裹壽司」。如果能在知道前人智慧的同時為今後創作新壽司起到繼往開來的作用，將是本書最大的榮幸。

此外，還有一種用別的食物包裹起來的豆皮壽司與目張壽司30，並不在本章的介紹範圍之內。因為這些壽司是「用東西包裹起來的壽司飯」，而非「用東西包裹起來的壽司」。如果有一種用豆皮以外的東西個別包裹起來的豆皮壽司，或許也能納入此列，只是孤陋寡聞的筆者未曾聽過這種壽司。

另外也有人認為箱壽司也是「裹壽司」的一種，但這類要從盒子裡取出來分切的壽司也不在本次介紹範圍之內。納入本次介紹內容的「裹壽司」反倒是那種用樹葉或草葉代替盛放容器包裹起來的握壽司。有些壽司雖然現在已經不那麼講究「包裹」這個動作，但也許原本是包裹得非常嚴謹也說不定。

這裡所要探討的「裹壽司」指的是以樹葉等物品一個個單獨包裹起來（包含用來代替盛放容器的物品）的一口大小壽司（此處為圖方便，將「一口大小」定義為不需要再用菜刀分切的壽司，實際上亦包含「兩、三口大小」的壽司）。

1 柿葉壽司

如今最有名的裹壽司應該就是柿葉壽司（照片①）了。它同時也是一道聞名遐邇的奈良縣鄉土料理，通常給人一種用嫩綠柿葉裹包的形象，不過綠葉是奈良西北部大和平野地區的作法，到了大阪府河內地區與和歌山縣紀之川流域一帶則是將柿葉壽司作為秋季料理採用紅色柿葉。不論是採用哪種柿葉的壽司，都會染上淡淡的柿葉香氣，提高壽司的美味程度。

作法是先將壽司飯捏成一口大小，放上鹽漬鯖魚或鹽漬鮭魚的生魚片，再用柿葉包裹起來。接連做出好幾個以後，整齊擺放到尺寸較大而具有深度的盒子裡。每擺放好一層就鋪上柿葉做隔板，再接著擺放壽司。放上重物加壓一晚即可完成。

從前製作壽司飯的時候不會添加砂糖，也不

照片① 奈良縣大和盆地的柿葉壽司。（奈良市）

28　裹壽司：包み寿司。用樹葉等物包裹起來的握壽司。
29　松皮：松皮造り。以熱水汆燙帶皮生魚肉，再立刻放入冰水裡浸泡降溫再切成生魚片的作法。因被熱水燙過的魚皮狀似松樹皮而得此名，另也可稱為「湯霜造り」。
30　目張壽司：めはり寿司。即芥菜壽司。

使用鹽漬鮭魚而僅有鹽漬鯖魚。使用的鹽漬鯖魚來自三重縣熊野灘，出乎意料地也有瀨戶內產的鯖魚流入其中。由於不論二者都是翻山越嶺而來，魚肉中的鹽分含量相當地高，直接食用會過鹹，所以要先用水稀釋掉鹽分再做使用。用來包裹壽司的是澀柿葉子，以七月左右的嫩葉大小與柔軟度最佳，故而若提及夏季料理就會聯想到奈良大和平野一帶的柿葉壽司。

該地以西的紀之川流域與大阪府河內區域的作法與大和平野大致相同，只是鯖魚的鹹度稍減些許且使用紅色柿葉包裹。事先將未沾附露水的紅色柿葉浸泡到梅子醋裡面就能留住葉子的顏色。

此外，大阪府地區在買不到柿葉的時候也會改用蘘荷葉來包裹。和歌山縣的紀之川上游流域雖也看得到柿葉壽司，但此地使用的魚料並不僅限鯖魚一種，還有「カチエビ」（一種海蝦。大概是指「鬼鉄砲蝦」（長指鼓蝦）？）與河魚[31]（日本溪哥魚苗）、魚板，甚至以前也曾將煮得甜甜鹹鹹的紅薯作為壽司料（照片②）。

石川縣加賀地區的柿葉壽司只是用上下兩片柿葉包住，而非用柿葉捲包起來。裡面的壽司飯雖然也是捏過的握壽司，只是捏成了扁平狀，並且在醋飯上下分別放上諸如「紺ノリ」（石川縣特有，染成藍色的石花菜、鹿角菜與鉤凝菜）或蝦乾等不同餡料。

製作時不會使用押箱（用來加壓壽司的小木盒）來施以重壓，而是放到大盤子或盆子裡面，疊上盤子略為加壓。一些人家至今每逢秋季祭典或招待客人的時候仍舊會端出這道料理（照片③④）。

相對地，加賀地區同樣也有放入具一定深度押箱裡製作而成的柿葉壽司。也有可能是不知不覺間發生了潛移默化也說不定，不過因為沒有確切佐證，所以就先在推論階段暫且打住。製作的時機及魚料與先前的壽司大致相同，只不過僅有壽司飯上面會擺放魚料，柿葉也只有墊在壽司下方的一枚。取而代之會使用深度較深的押箱，充分加重施壓。

新生的柿葉較為柔嫩，清洗的時候容易破

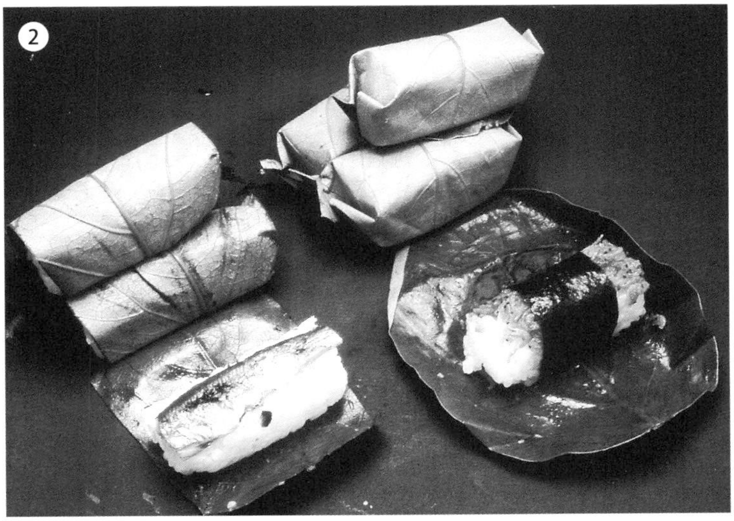

照片② 和歌山縣河魚押壽司（左）與長指鼓蝦（右）的柿葉壽司。（紀之川市）

照片③ 上、下都用柿葉包裹起來的柿葉壽司。（石川縣小松市）

照片④ 一個個用手捏好的柿葉壽司。（石川縣加賀市）

31 河魚：川ジャコ。押壽司使用香魚以外的河魚。

裂，葉片上面還有「絨毛」容易沾附到飯粒之上。雖然七月過後品質會變得較為穩定，但內側大多也還是會有細毛，所以一般會在要製作食用前採摘，不過也有不少人會在八月左右採摘下來冷凍保存。有時在柿葉稀缺的時候，也會改用竹葉或葉蘭的葉子來替代。

柿葉壽司還存在一種從木盒中取出來用菜刀分切的型幺。加賀市新保町從前原本屬於這種作法，但在與鄰近的柴山町聯姻等諸多交流下，學會柴山町把壽司一個個捏好放到柿葉上面的作法，並直至現今都以此為主流。

鳥取縣八頭郡千代川上游流域會將鱒魚切成薄片製成握壽司，作為剛過完盂蘭盆節的精進料理或秋季祭典的款待料理。山區地帶過去很難取得新鮮漁獲，所以使用的是運往此處的鹽漬鱒魚。

將鱒魚握壽司擺放到替代餐盤使用的柿葉上面，平鋪到較淺的木盒之中，輕輕壓上重石2～3個小時，多數人則是會壓上數日。鱒魚肉上面還會擺上山椒粒或山椒葉，用山椒粒增添恰到好處的辛香、達到殺菌效果的同時，還能讓粉嫩魚肉與翠綠山椒之間組合出漂亮的顏色對比（照片⑤）。

福岡縣內陸地區也會製作類似的壽司，只不過是由紅蘿蔔、香菇、牛蒡等隨手可得的蔬菜與雞肉拌在一起的五目壽司。海魚在深山之中是十分貴重的食物，雞肉就是用來作為替代的食材。將壽司捏成小小一團，再用柿葉包裹起來。壽司飯上面會擺放用醋提味的鬼頭刀（鯕鰍）或小尾的河蝦、田麩[32]。

照片⑤ 用柿葉代替盤子的鱒魚壽司。（鳥取縣八頭町）

照片⑥ 用翠綠柿葉包裹起來的鬼頭刀壽司。（福岡縣飯塚市筑穗町）

照片⑦ 用轉紅柿葉包裹起來的鬼頭刀壽司。（福岡縣直方市）

32 田麩：でんぶ。白肉魚煮熟以後去皮去骨，將魚肉壓碎擠去水分以後，加入砂糖、酒與鹽巴炒乾而成的魚鬆。有些地方會加入紅色食用色素製成粉色魚鬆。

由於這款壽司也會放入木盒當中輕壓定型，乍看之下狀似奈良縣的柿葉壽司，但並不似奈良縣那樣完整包覆，而是偏向福岡縣那般隨意包起來而已。因為包好以後會用葉柄固定，所以也不需要動用到牙籤。做好以後放到漆器便當盒或「栄重」（木製子母餐盒）裡面，疊上重石靜置一晚就是最適合享用的時間點。

製作的時間點會因地點而異，例如筑穗町（現為飯塚市）會在夏季祭典的時候製作，直方市則是秋季祭典。夏季放生會或宮日節（慶祝豐作的慶典，現多在九月底）的時候，柿葉仍舊翠綠，到了秋季宮日節（當地是十月中旬）的時候則會開始染上紅色。綠葉跟其他地方一樣都是將帶有光澤的一面作為裡側，紅葉則是將葉片正面朝外，讓葉片的鮮紅看上去更加醒目（照片⑥⑦）。至於這裡所用的柿葉，既有人覺得澀柿葉好也有人覺得甜柿葉好，兩邊都有人支持，不能說哪邊就一定更好。

福岡縣繼筑後市來到小郡市，看到的是用來替代盛裝容器的柿葉（照片⑧）。是一種會在盂蘭盆節與秋彼岸[33]出現在寺廟裡的夏季料理。因而使用的葉片色澤翠綠，裡面包著五目壽司，用到了紅蘿蔔、香菇、牛蒡、竹筍與同樣在此處不可或缺的雞肉。

將拌好料的米飯捏成小小一團，上面擺上煎蛋絲、炒蛋鬆、田麩與芝麻等配料，幾乎不太會加壓。鄰近的朝倉市與杷木町（現皆為朝倉市）、吉井町（現為浮羽市）也會製作，只不過裡面的不會將配料拌入飯中，而是作為餡料包到白色壽司飯裡面捏製而成。

照片⑧ 用柿葉代替餐盤的五目壽司。（福岡縣小郡市）

照片⑨ 「すぼき寿司」。以葉蘭的葉子代替原先的柿葉。（香川縣讚岐市長尾町）

照片⑩ 番茶壽司。（岐阜縣中津川市）

33 秋彼岸：秋分及其前後三天，合計七天。

綜上所述，福岡縣有「用柿葉包住的柿葉壽司」與「墊上柿葉的柿葉壽司」。這兩種柿葉壽司是否可以稱為「筑前型」與「筑後型」，筆者亦無法給出結論。

香川縣長尾町（現為讚岐市）椰木神社從以前就會在十月的祭典舉辦相撲比賽，優勝者可以獲得用稻草束包起來的「すぼき寿司」（照片⑨）。此壽司用的是捏得稍大一團的五目壽司，用三片柿葉（沒有則用葉蘭的葉子代替）包裹起來，接著在塞到稻草束裡面。相撲比賽至今仍在舉辦，可以塞入壽司帶回家的稻草束也十分可愛。而「すぼき」一詞的意思指的是小腿肚，源於包住壽司的稻草束外型與其十分相似。

最後筆者要例舉一下如今已在當地遭到遺忘的例子。那就是岐阜縣中津川市的番茶壽司（照片⑩）。現今如何雖不得而知，但該市前龜地區曾是茶亭，採茶姑娘每到新茶產出的季節前夕都會變得十分忙碌。而這些年輕姑娘在茶田裡吃的午飯就是番茶壽司。

用新煮好的番茶炊煮米飯，再將醋拌入其中。染上淡淡茶色壽司飯輕輕捏成一小團以後撒上黑芝麻，盛放到新鮮採齋的柿葉上面分發給採茶姑娘。姑娘們單手接過以後，直接就著柿葉吃掉上面的壽司飯。柿葉不僅是盛裝食物的用具，同時也起到了筷子跟湯匙的作用。至於吃完剩下的柿葉只要丟棄在茶田裡就可以了。

2 朴葉壽司、朴葉包壽司

照片⑪ 擺上壽司料的朴葉壽司。（岐阜縣七宗町）

照片⑫ 混入壽司料的朴葉壽司。（岐阜縣下呂市）

岐阜縣是朴葉壽司的產地。打開對摺的朴厚樹葉可以看到兩款壽司。其中一種是配料多彩相當引人注目，另一種則是外觀不甚高調。前者多出現在美濃地區東部的壽司，後者則是郡上與飛驒地區（照片⑪⑫）。

前者是在綠色的朴厚樹葉上面盛放捏好的白色壽司飯，於其上擺上粉紅色的鱒魚與田麩、黃色的雞蛋、深綠色的野蔬、黑色的香菇、赤紅色的紅薑絲等原色配料。相較之下，後者則是將用醋提味過的紅鱒魚、紅蘿蔔、香菇、油豆腐皮等配料一起滷煮，再拌入壽司飯裡面捏製而成。有時也會在上面點綴煎雞蛋絲或紅薑絲，但主要配料仍舊拌入醋飯當中，並未有什麼變化，整體配色偏淺。二者都是盛放到半邊朴厚樹葉上面再將樹葉對摺包起，疊放到木製飯桶或大盤子裡面，輕輕擺放上重石，靜置半天至一天即可完成。

葉片為仍舊留有新綠的初夏綠葉，一旦過了這個時期葉片就會變硬，出現「爬上螞蟻」（有黑斑）的狀況。此外，在壽司飯仍舊溫熱的時候就用葉子包裹起來，可以讓壽司吸收葉片香氣，但與此同時也會讓葉片受熱變黑。

岐阜縣美濃地區東部自長野縣會食用一種名為「ヘボ」（hebo）的食物。「ヘボ」在當地又被稱為「タコベ」（takobe）或「タカブ」（takabu），指的是蜜蜂的幼蟲，也就是地蜂（黑胡蜂）的幼蟲。地蜂會於夏至秋季在地裡築巢，當地人會在夏季將其挖出，放到家裡的蜂巢箱裡飼養，到了秋天再取出來製成滷煮料理。這在長野縣並不常見，但岐阜縣這邊還會將其拿來作為壽司料。雖然也會用於朴葉壽司之中，但因

照片⑬ 後鰭花鰍壽司（右列）、鈍頭杜父魚、河川吻鰕虎魚壽司（左列）。（岐阜縣下呂市）

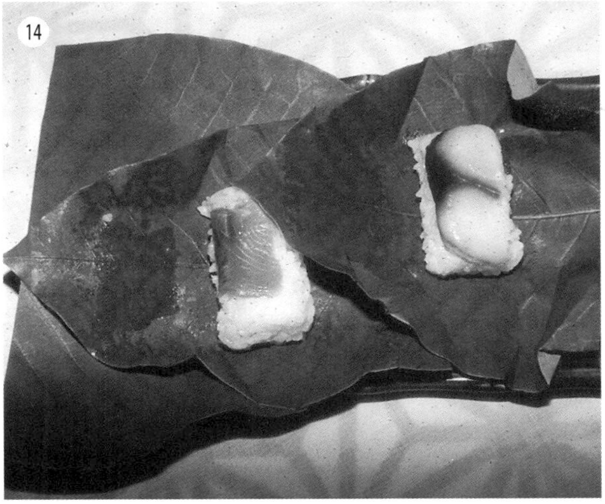

照片⑭ 奈良縣吉野山中的朴葉壽司。（奈良縣下市町）

個體零散所以不擺放到壽司飯上面，而是直接拌入壽司飯裡面。

除此之外，岐阜縣飛驒市荻原町（現為下呂布）習慣將附近捕獲的後鰭花鰍或鈍頭杜父魚、河川吻鰕虎魚、日本鱥一類下雜魚煮好以後作為朴葉壽司的配料使用（照片⑬）。多於夏末至秋初時期製作，而此時期的朴厚樹葉為淺綠色且葉片較為柔嫩。這是因為夏季期間會修剪朴厚樹的枝葉，使其長出新芽。不管怎麼說，這種在白色壽司飯上面盛放魚料的朴葉壽司，在向來以拌入配料的朴葉壽司聞名的飛驒地區也稱得上是相當罕見。

奈良縣同樣也使用朴厚樹葉的壽司則與之完全不同，裡面包裹著的是與柿葉壽司相同的鹽漬壽司，屬於柿葉壽司的一種。是吉野郡以南的產物，由於該地氣候寒冷沒有柿子樹而無法取得柿葉，才會改以朴厚樹葉替代（照片⑭）。

不過製作的時期正值新葉生長而嫩綠的六月。而且壽司要等完全放涼以後再包起來，否則熱度會灼傷葉片。每戶人家都有各自不同的包法，有的人家會從葉子的長邊、帶有葉柄的那側開始包裹。將壽司放到葉面上的時候，是壽司料朝上還是配料朝下也是因各戶人家而異。

包好的壽司會放到具有深度的木盒，加壓至次日。以前米飯煮個五升（十杯米）或一斗（一百杯米）都是「十分稀鬆平常」的事情。如果一口氣做得太多，花上個兩、三天也還是會剩下不少朴葉壽司。有的人表示「那（壽司）都牽絲了，還是算了吧」，但也有人說「到了第三天會把壽司烤來吃」。就著葉片一起煎烤，不但可

照片⑮ 用槠葉包裹起來的「槠葉壽司」。（福岡縣直方市頓野）

以讓壽司變得鬆軟，還會帶著一股朴厚樹葉的香氣。

3 其他樹葉

前去福岡縣直方市報導柿葉壽司的時候，遇到了「楮葉壽司」（こうぞうの寿司）。就在我以為自己遇上了未曾聽聞過的壽司時，才發現這裡的「こうぞう」指的是楮樹的葉子，是一種用楮葉替代柿葉的壽司（照片⑮）。是頓野地區才有的壽司，曾在秋季祭典時製作。相較於柿葉會在秋季轉紅，楮葉直至冬季落葉都是綠色，所以該款壽司的葉片同樣色澤翠綠。此外，楮葉上面還有一股柿葉所沒有的香氣，為壽司增添一抹葉香。

至於為何會用楮葉來包裹壽司的原由，卻是無人知曉。即使詢問當地人，也只得到了一些人給出的是「自然衍生出來」的回答，或是在一些人家中找到曾經製作過該壽司遺留下來的痕跡，並未從中得到明確的答案。

不論大人還是小孩都鮮少有人知道，過去曾經使用楮葉作為包裹壽司的材料。雖然楮樹作為造紙原料而廣為人知，但直方市一帶並沒有處理紙漿過濾的傳統技藝，所以楮樹的知名度不高。詢問對楮樹有印象的高齡人士，得到的回答是這種樹木的樹皮非常堅韌，所以人們會將剝下來的樹皮作為束衣袖帶的替代品，製作出比一般的束繩還要耐用的長繩。

照片⑯ 用油桐樹葉包裹的「葉壽司」。（福井縣永平町松岡）

照片⑰ 用野梧桐樹葉包裹的「かしゃば壽司」。（和歌山縣串本町）

剝去樹皮的木材部分易於燃燒，據說相當適合作為柴薪使用，不過現在的孩子不僅不知道可以剝下楮樹皮，甚至也不知道那是一種造紙原料。楮樹的樹葉在這樣的利用方式之下就顯得十分多餘，只能丟棄處理。或許就是在這種情況下，發掘出了楮樹葉可以用來包裹壽司的價值，繼而加以利用。

福井縣九頭龍川中段流域地區則是以油桐樹葉包裹的壽司（照片⑯）。油桐樹是用於燈油、蓑衣、油紙傘、油團[34]等物品之中的桐油原料（油桐籽榨出來的油脂）。十七世紀中葉在小濱藩主酒井忠勝的命令下大量種植，其後若狹大半村落與越前敦賀郡、丹生郡也都跟著栽種。福井縣的桐油產量在明治初期蔚為日本第一，但在後來隨著石油的採用而衰退，作為木漿材料遭到大肆砍伐而消失於歷史的舞台上。

另一方面，九頭龍川流域的每戶人家似乎都會在家裡種上一棵壽司用的油桐樹。油桐樹葉的表面帶有油分，用來包裹壽司不僅可以延長保存性，還能增添一抹特殊的香氣，在初夏至秋季做來作為盂蘭盆節或祭典時的款待料理。宛如中心存在的永平寺町更是將油桐樹作為小鎮的鎮樹。沒有油桐樹葉的時候也會用野梧桐、桑樹、葡萄、蘘荷等植物的葉片來包裹。

裡面多半包的是用鹽巴提味的鱒魚握壽司，這裡使用的是自九頭龍川捕獲的石川櫻鱒。除此之外還有混入鹽漬鱒魚的五目握壽司。由於葉子背側長有細毛，所以會將該面朝外，用葉片光滑的一側朝內包裹。包好以後放入具有深度的木箱裡面，加壓一晚。

此款葉壽司又被稱作「葉っぱ寿司」、「木

34　油團：夏季用來鋪在疊蓆上面的紙製涼墊。在數層黏合的和紙表面塗覆桐油製作而成。

の葉寿司」、「木っ葉寿司」、「葉寿司」，稱呼多到令調查員都忍不住想哭的地步。雖然也有人會將其簡稱「鱒魚壽司」，但令人詫異的是沒人會稱其為「油桐葉壽司」。直至前不久都呈現日漸式微的狀況，不過近期在挺身守護傳統壽司味道的各種團體與個人的努力下有所復興，也會開始製作來銷售。

有個地方和此處所例舉的福井縣一樣，也會使用野梧桐葉來包裹壽司，那就是和歌山縣南紀地區的東牟婁郡下。這個地方還有一種被稱為「拌壽司」、「什錦拌壽司」，每當遇到值得慶祝的事情就會製作來享用的拌壽司。拌入切碎並滷成甜鹹風味的紅蘿蔔、牛蒡、香菇、蜂斗菜、竹筍、芋梗（芋頭的莖）等山中蔬菜，以及羊棲菜、昆布製成的壽司料，於上面擺上長鰭鮪（撒上鹽巴用醋醃好）、烤長鰭鮪、醋漬鯖魚。也有人會在製作時淋上香橙（日本柚子）汁或是現擠的青香橙汁。

這樣製作好的「拌壽司」在古座町、那智勝浦太田町一帶會輕捏成一口大小，再用野梧桐樹葉包裹成被稱為「かしゃば寿司」（應是野梧桐樹葉「カシワ」鄉音）的包葉壽司（照片⑰）。包裹時會分成有葉柄與無葉柄兩種狀況，帶有葉柄的時候會將壽司放到葉尖一側，等包好以後再用葉柄纏繞固定；沒有葉柄則是放到葉子根部一側捲包起來。

「かしゃば壽司」的最佳享用時期是七～八月。這時期的野梧桐樹葉狀態最佳。如果想讓葉子更大片，可以在春季修整枝葉，如此一來就能在夏季時期長出大片葉子。這個壽司最常出現在每年七月二十四日～二十六日古座町的河內祭典上面。人們會在該祭典打造裝飾華美的船隻隆重行駛在古座川上，前往「清暑島」（當地人稱為「こったま」）參拜神明所在的河內神社。據說此祭典源於祈求能在源平合戰中得勝。年輕人也會在這盛大的祭典上面獻上獅子舞。而犒勞這些年輕人的便當正是かしゃば壽司。此外，由於獅子舞也會到各地巡演，屆時也會將壽司分發給觀眾。順帶一提，此處壽司使用的是沒有葉柄的野梧桐樹葉。

照片⑱ 擺上鯨魚與櫻花蝦的山茶花壽司。（石川縣加賀市柴山潟）

雖然山茶花樹是一種四季都有綠葉的常綠樹，但會用來製作成葉壽司的只有小小的石川縣加賀市柴山潟一帶。壽司料大多使用鯨魚（鯨魚皮），但也有的家庭會使用鱈魚或鮭魚。使用鯨魚是自古便其來有自，到了接近祭典的時候就會開始販售。將其切成一口大小後氽燙，倒掉煮出浮沫與油分的滾燙熱水，加入鹽巴調味。有的人會直接擺到壽司上面，但也有的人家會再沾上一層醋。鱈魚用的是近來賣來作為下酒菜用的，切成細條狀的鱈魚肉。其他還有櫻花蝦乾與「モォ」（紺ノリ，染成藍色的海藻）等壽司料。事先加入染色海藻可去除多餘水分。最後再撒上黑芝麻。

包裹時會將山茶花葉的表面朝內，葉片向外彎曲，若不這麼做就無法盛上壽司米飯。包好以後放到具有深度的木盒裡面。現在多使用較小的木盒，但以前在祭典等活動當中為了招攬顧客，都會用上好幾個容量非常大（五升或七升用）的大木盒。此外，鯨魚肉雖然經過去油處理，但還是帶有很多油脂。加上山茶花葉表面十分光滑，

照片⑲ 用芭蕉葉包裹的鯖魚壽司。（岐阜縣各務原市）

所以盛放到木盒的時候要小心壽司從葉上滑落。

從前蓋上盒蓋以後，還會請人站到上面將壽司壓得緊密貼合。米飯受到擠壓，會在掀開盒蓋的時候變成平整的一層壽司飯，吃的時候只需從中拉起葉子一角，就能取出壽司。近來只會用手稍微按壓，而不會再那樣用力擠壓。做好以後放置半天時間即大功告成（照片⑱）。

聽說和歌山縣等地會使用芭蕉葉作為包裹箱壽司的葉子。只是這種壽司是取出來以後用菜刀分切的長條壽司，但我在岐阜縣各務原市聽到的舊聞卻表示最剛開始是捏成一口大小，一個個包裹起來的個別形式。

用被稱為「ヤジメ」的複層壽司木盒製作鯖魚壽司的習俗也出現在鄰近市鎮，並非只限於各務原市，但成品都是用葉蘭包裹起來的鯖魚棒壽司，需要在取出後分切。其中由小伊木地區老一輩製作出來，令人懷念的各務原古早鯖魚壽司則是捏成一口大小，再用芭蕉葉捲起而非整個包住，擺放到複層壽司木盒裡加壓完成（照片⑲）。雖說是會在祭典或攬客之際製作的壽司，但卻連當地人也鮮少知道這一點。

接下來就來例舉一種如今已成過往，連筆者也只能從記錄上面得知的壽司。那就是廣島縣山區地帶．世羅郡的「ひば壽司」。雖然在當地做了相當徹底的調查，但如今的在地人不僅不知道該壽司的存在，甚至沒人知道以往曾經有過製作該壽司的活動。

此處的山區地帶會在六月上旬開始耕種，並在耕種的第一天舉辦一場向守護土地的神靈「サンバイ」祈求豐收的「サビラキ」（早開祭）祝禱活動。根據廣島縣農政部在昭和五十七年出版的《ふるさとの味百選》（鄉土美味百選）指出，甲山町（現在的世羅町）將早開祭稱為「御靈會」，於農曆五月五日製作混入紅蘿蔔、油豆腐皮及芝麻捏製而成的五目握壽司，再用「ひば」的葉子包裹起來製成獻給神靈的供品「ひば壽司」。

用ひば嫩葉包起溫熱的握壽司，就能讓做好的壽司帶上一抹葉香。活動當天的午飯就是祭拜過神靈的「ひば壽司」。這裡所說的「ひば」指的是大槲樹，也就是槲櫟葉。是一種枝上有刺，可以防範小偷的樹種，不僅生長在鄰近山中，也有人種在家中院子。與泛指的羅漢柏是截然不同的樹種，這一點需要特別留意。

如果各位知道「ひば壽司」相關訊息的讀者能回傳給編輯部，筆者將不勝感激。

4 竹葉

竹葉除了用來鋪在箱壽司底部之外，也會用在裝飾握壽司等用途上。竹葉雕刻更是成為了壽司師傅比拚技巧的絕佳機會。江戶時代的百科事典《守貞漫稿》也提到過「江戶地區會使用山白竹鋪在壽司盒底部，京阪地區則是使用葉蘭」，故而關西地區與竹葉壽司較無關聯。

回歸正題，雖然現在時常可以看到經過商品化的竹葉裹壽司，諸如用竹葉包成日式粽子外型的握壽司或外觀圓潤可愛的手毬壽司，但不論何者都並未具有悠長的歷史背景。富山市以車站便當遠近馳名的鱒魚壽司便當裡也有一種用竹葉個別包裹起來的一口大小壽司，但這也是近年的新創壽司，從前都是在壽司木桶裡鋪上竹葉，再將放到裡面壓成圓形的壽司取出來用菜刀分切。

照片⑳ 用竹葉捲包起來的鰹魚腹壽司。（千葉縣勝浦市）

照片㉑ 製作竹葉壽司。（石川縣野野市市）

其中東京的竹葉壽司「笹巻き毛抜き鮨」（竹葉卷拔毛壽司）便是在歷史上留有一席之地的竹葉壽司。

照片㉒ 鯖魚與鱒魚的竹葉壽司。（石川縣金澤市）

照片㉓ 添加山中蔬菜的竹葉壽司。（新潟縣糸魚川市）

該壽司保留江戶前握壽司的原型，用竹葉捲包住捏成一口大小的壽司，再放到木盒裡加壓製作而成，採用的是江戶末期握壽司出現前夕流傳至今的製法。「拔毛」指的是拔毛用的鑷子，因為製作時會用它夾除殘留在魚肉上的小魚刺而得

照片㉔ 以「謙信壽司」之名販售的竹葉壽司。（長野縣飯山市）

此名。

如今最廣為人知的是一家座落在神田小川町明確記載「創業餘元祿十五年」的壽司店，但天明期的文獻《七十五日》裡也舉出了幾個以「ササ巻き寿司」（竹葉卷壽司）、「毛抜き寿司」（拔毛壽司）等幾個名稱進行買賣的例子，所以這在以前應該是相當普遍的稱呼。

此外，現今市售的竹葉卷拔毛壽司只是用竹葉捲包握壽司，省略掉了裝入木盒裡面加壓的步驟。即使如此也還是抑制甜味，重現當時沒使用砂糖的製法。將壽司放到木盒中加壓的步驟是為讓壽司更加耐放，這也是為何過去「竹葉卷壽司」、「拔毛壽司」總會散發一股發酵過的味道。讓壽司發酵出酸味這個作法在元祿年間的確是很常見的作法。

千葉縣興津町（現為勝浦市）的鰹魚腹壽司可以說是相同的東西。雖然加了醋，但也會再放置二～三天，以關東地區現存的發酵壽司來說算得上罕見。鰹魚腹指的是常會被丟棄的鰹魚肚腹皮，用鹽巴醃漬帶有銀色光澤的部分近一個月的時間，斜切以後拿來作為握壽司的魚料。這時，人們會用竹葉包裹壽司，放到具有深度的木盒裡面，靜置數天讓味道更加圓融。以往會在十月上旬的津興秋季祭典裡製作，如今因為會製作的人太少而成了絕響（照片⑳）。

先前雖曾提過石川縣加賀地區是柿葉壽司，不過在靠近山區的鶴來町（現為白山市）一帶製作的卻是竹葉壽司。壽司料會使用鱒魚、鯛魚、鯖魚、沙丁魚、鬼頭刀等魚類，捏好以後放到擺成十字形的竹葉上面包裹起來，放到具有深度的

照片㉕ 用鯖魚製作的こらげ寿司。（岡山縣真庭市）

照片㉖ 用鱒魚製作的蘘荷壽司。（岐阜縣七宗町）

木盒裡面加壓（照片㉑㉒）。現在會在超市這類地方販售，相當容易購得。

新潟縣南部至長野縣北部也會製作被稱為竹葉壽司的箱壽司。一般作法是將米飯填入具有深度的木盒裡面，放上鱒魚和山菜等配料並鋪上竹葉做隔板，再重複相同的動作接著製作。不過其中也有做成一口大小（實際上是兩口或三口大小），一齊放入木盒裡加壓的竹葉壽司（照片㉓）。

這樣的壽司與其說是用竹葉包裹，倒不如說是用竹葉作為盛放容器，其中最為有名的就是當地因戰國武將上杉謙信而在長野縣飯山市以「謙信壽司」之名販售的竹葉壽司，不過新潟縣系魚川市一帶同樣也時常會製作這款壽司（照片㉔）。

有種叫做「こけら寿司」的鬼頭刀魚握壽司曾傳入岡山縣山區地帶的各戶人家中，現僅剩中和村（現為真庭市）仍會製作，雖然用的是鯖魚，但也同樣會盛放到竹葉上面，放入木桶裡加壓（照片㉕）。

製作的時間僅限十月九日秋季祭典這一天，其餘時間並不製作。鬼頭刀魚的產季落在夏季，每戶人家會在這個時期開始醃魚。當地人往往也會在秋季收割稻穀或「稻米脫殼」的時候分組合作。這樣的合力勞作原則上是無償幫忙，接受幫忙的人家也會在這時提供こけら寿司作為「茶點」。當地甚至流傳著一句「夏天會有『黑鴉行商』（不穿束褲也不穿短襯褲，僅穿兜襠布的打扮，將魚放到竹簍裡販售的賣魚行商）從鳥取縣倉吉過來」的俗語。

照片㉘ 喚作「藤葉壽司」的野葛葉壽司。（滋賀縣甲賀市）

照片㉗ 用鱒魚製作的「藤葉壽司」。（滋賀縣甲賀市）

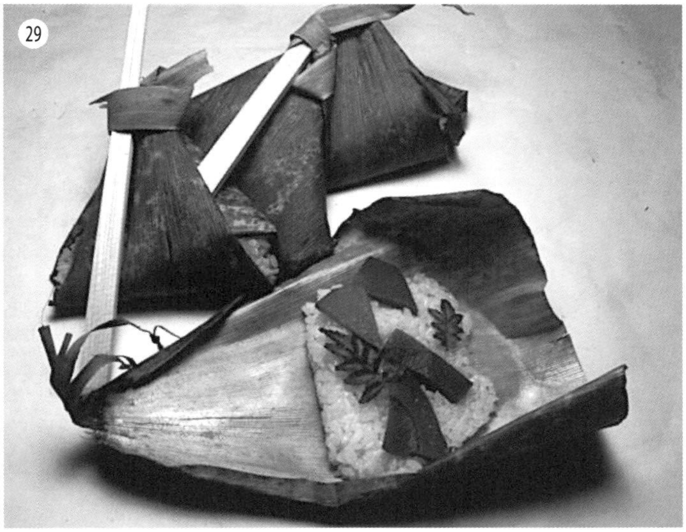

照片㉙ 用竹籜[36]包裹起來的竹筍壽司。（岐阜縣中津川市）

在地理位置上高於勝山等地一帶之所以不會製作日本中國地區山中特產鯖魚姿壽司[35]或棒壽司，大概是因為當地隸屬鳥取縣文化圈而非岡山縣文化圈吧！

5 蘘荷葉

先前已經提到大阪府河內地區與福井縣九頭龍川流域，會用蘘荷葉代替柿葉或油桐樹葉作為替代品，不過岐阜縣的中央地區、加茂郡下一帶倒也有只使用蘘荷葉的壽司。選用的是六月到初秋之際，葉片較大且仍帶著翠綠色澤的蘘荷葉（照片㉖）。

將要包入的鹽漬鱒魚或鹽漬鯖魚的握壽司，擺放到交疊成十字形的蘘荷葉上面，包裹起來以後放進具有深度的木盒裡面加壓。近來雖也出現用山菜包裹，裡面擺放上蘘荷配料的壽司，但是一開始並非如此。加壓半天以後即是最佳享用時機。

蘘荷的香氣據說具有讓身體消暑降溫、促進食慾的效果。是最適合在盛夏享用的一款壽司。

6 野葛葉

「藤葉壽司」（フジ寿司）是三重縣伊賀地區十分有名的特產壽司。曾經有書籍提及「這是一款在細卷海苔壽司上面裝飾紫藤葉的壽司」，但筆者還未曾見過。另一本書中介紹的甚

35 姿壽司：魚形外觀完整的魚肉壽司。
36 竹籜：籜，音同「拓」。原為竹筍的筍殼，長大後成為竹節環上方的包覆鞘狀物。

至是並未使用藤葉，只是擺盤得狀似紫藤葉的超細卷壽司。這些藤葉壽司的紫藤葉只是作為一種裝飾性「藤紋」。

筆者雖聽聞滋賀縣甲賀町（現為甲賀市）曾有「用紫藤葉包裹的壽司」，但並未有人能回答筆者藤葉壽司究竟是種什麼樣的壽司這個單純的疑問。其官方網站上面也並未刊登最關鍵的照片，僅刊載了教育委員會與商工觀光課提到「使用到藤葉」的隻字片語。或許是因為藤葉太過窄小，壓根就沒辦法拿來包壽司吧……

後來經過四處打探，才終於明白這裡的藤葉（フジ）指的是「クルマフジ」，也就是野葛葉。只是如今已經沒人知道什麼是「クルマフジ」與「藤葉壽司」罷了。

是僅只流傳於甲賀町鳥居野大鳥神社「バンバスジ」（神社前的參拜道路）一家的料理。多於夏季製作，尤其經常會在七月二十三日、二十四日的大原祇園祭時製作。是一種以鮭魚、香菇、豆皮製作而成的握壽司。過去還會將附近的主婦聚到一起，交到每一戶人家之中（照片㉗㉘）。

7 竹籜

儘管除了竹葉之外，偶爾也會看到以竹籜包裹發酵壽司或箱壽司的情況，但卻很少看到有人會把它拿來作為個別包過壽司的材料。而這個罕見的例子就是岐阜縣中津川市的竹筍壽司（照片㉙）。

是以往會出現在現今已被完全遺忘的長久寺（戰前位於附近小山山頂上的高丘神社）五月一日妙見菩薩祭典上的料理，用竹籜在外面包裹住以竹筍與山椒葉製成的大顆握壽司。配料用的竹筍，較為脆嫩的部分用燉煮，剩餘較硬的部分則用溜醬油滷煮的方式烹調。剩餘這個說法雖然有些失禮，但的確是透過這樣的方式充分運用。

只是與其他裹壽司不同的是，這款壽司還會附上筷子。將竹籜折成三角形，再用「葉尖」，也就是「尾端的部分」纏繞住筷子。因而只會選用葉片較長的剛竹，筷子也是竹製。而且通往高丘神社的參拜入口也有一片茂密的竹林。算得上是一種環繞在竹林之下，與竹子密切相關的壽司。

8 其他類型的葉子

葉蘭常見於西日本。作為鋪在箱壽司底部的葉子，和東日本的竹葉一起被視為雙璧般的存在。不過葉蘭在這裡也不太會用來作為單獨包裹壽司的材料。就算被拿來用，也是作為某種葉片的替代品。本文裡介紹過的香川縣すぼき寿司也是如此。

大分縣佐伯市米水津的竹莢魚飯糰壽司則是用紅紫蘇葉來包裹。使用一整年都能捕獲的小竹莢魚製作而成的姿壽司，同頭到尾都能享用（照片㉚）。之所以使用紫蘇葉是為了提高壽司的保存性，七月至盂蘭盆節會再添加梅子醋讓壽司更耐放，一年到頭都會使用紫蘇葉。

照片㉚ 紅紫蘇葉包裹起來的竹莢魚飯糰壽司。（大分縣佐伯市米水津）

當地的食譜書中曾提及「用紫蘇葉包裹」，雖然也意味著「裹壽司」，但不同於至今為止介紹過的壽司，會連同包裹著的葉片一起吃下。因此很猶豫是否要將這款壽司列入其中。

雖然日本除此以外似乎還有不少能拿來使用的葉子，但因筆者拙劣的實地調查結果有限不得而知。

9 包裹葉片的作用

之所以會用葉片個別包裹，是為了避免壽司接觸空氣，同時也能避免壽司沾黏到一起。不過走訪各地調查回來的答案則是為了起到防腐作用與增香效果。先前提到過的壽司也幾乎都是「用這個葉子包起來比較不容易壞」、「吃起來會更香」的回答，甚至還有壽司為了提高香氣而「用葉子去包熱壽司」。

用現今科學角度來看，樹葉當中有很多藥效成分，像是柿葉當中含有豐富的多酚，具有強烈的抗菌效果，還含有具降低血壓的單寧酸成分，能在食品保存上面起到一定效用，此外更含有豐富的維生素。另外，樹木主要會散發出萜烯類一類的揮發性物質，能讓人感受到芬多精所帶來的森林浴淡雅香氣。柿葉裡頭也含有芬多精，據稱能更加提高抗菌作用與防腐效果。其他像是朴厚樹葉也含有木蘭箭毒鹼與木蘭花鹼，能起到增添香氣與殺菌的效果。此外，蘘荷葉清爽的香氣來自一種名叫α-蒎烯的精油成分，能夠刺激大腦皮質，起到消除睡意令大腦保持清醒的作用，其促進排汗、降低體溫的效果也備受期待。

只不過家庭壽司的製作與這樣的近現代科學並沒有什麼關連。油桐樹葉含有油分，所以適合用來包裹米飯；用葉蘭包裹食物就不易腐壞。長時間的累積起來發現，與近代科學相連到了一起。

本文裡所提到包裹壽司的材料大多是植物的葉片，其中絕大多數還都是中藥材料。說句不怕遭人誤會的話，大部分的植物都有其藥效。只要不是特別毒的毒草，就算把葉片輾成粉吃下肚或是加水煮滾喝下肚，也只會帶來好處而不會對身體造成什麼危害。這是因為先人從經驗上得知了植物所擁有的力量。

飯糰

山形縣酒田市有種粥壽司或許也可以列入這裡所說的「裹壽司」範疇裡。

屬於發酵壽司的一種，正如其名，裡面發酵過的米飯已經軟爛成粥狀。放到木桶裡的軟爛米飯與米麴、鮭魚、鯡魚卵、青大豆一起醃漬，加壓發酵兩週就能享用。鋪在木盒裡的葉子為竹葉（照片㉛）。

醃漬發酵的壽司要享用的時候會再盛放到竹葉上。光看這一點似乎和「裹壽司」差不多，但這種壽司卻不會捏製塑型。因為盛放到竹葉上的壽司已是粥狀，施力捏壓反而會更加潰不成型。竹葉儼然就是盛盤用的替代品。不過醃製這道壽司的女士問了我一句「怎麼樣？聞起來香氣不一

照片㉛ 盛裝在替代容器竹葉之上的粥壽司。（山形縣酒田市）

樣吧？」。原來如此，這樣的壽司上面的確散發著陶瓷器品所沒有的香氣。接著她又補了一句：「都市嚐不到這種好味道吧？」

原本之所以會將壽司單獨包裹起來，就是為了避免壽司壞掉，以此方式來隔絕空氣。並且一個一個捲包起來也會比較容易從木桶或飯盒裡拿取。所以包好的壽司絕對有必要進行加壓。現今雖然不再一定得加壓不可，但為了「讓壽司更加入味」還是留下了精簡化的步驟。若再進一步省去這項步驟，將葉片單純作為容器使用，就成了粥壽司這樣的一個例子。粥壽司雖然屬於發酵壽司這種以壽司來說型態較為古老的種類，但若因為壽司形式古老就覺得這樣的供應方式也很落後可就大錯特錯了。

為壽司增添香氣應該是從很久以前就一直延續至今的做法。壽司做好以後特地放上一小段時間再做享用，帶上一些草葉香氣會更顯清爽可口。不過如今又如何了呢？多數壽司店製作的江戶前壽司或是關西壽司都並未使用葉子。不對，正確來說是以前曾使用葉子，但現在改採用塑膠製的葉蘭，做到了真正的「無臭無味」。毫無味道也不會增添香氣。

這令人不禁擔心至今介紹過的多款壽司會不會在不久的將來也都改用塑膠葉片。不過人類並沒有那麼愚蠢。即使有人覺得包裝材料將會被簡化或省略掉，但實際上並沒有那麼簡單。看似應該就要消失卻撐了下來的東西比比皆是。將來的人們也很有可能會為了追求塑膠所欠缺的風味與香氣而孕育出嶄新的壽司。

近年開始提倡「SDGs」（可能持續的開發目標）。在十七個大目標中，與食物有關的是「消除飢餓」，再加上攸關今後壽司走向的「保育海洋生態」，至於「裏壽司」的「保育陸域生態」也涵蓋其中。秉持「製作者、使用者的責任」，「打造出產業與技術革新的基礎」。並且以「友好的合作關係達成目標」，不斷增加愛好友善自然壽司的夥伴。

如今的「裏壽司」或許出乎意料地是最具現代風，不，應該是最展望未來的壽司也說不定。

作者簡介

日比野光敏（Hibino Terutoshi）

一九六〇年出生於岐阜縣大垣市。畢業於名古屋大學文學院。於同大學攻讀完文學研究科碩士班，歷經岐阜市歷史博物館學藝員、名古屋經濟大學短期大學部教授、京都府立大學和食文化研究中心特聘教授後擔任現職壽司博物館（靜岡市）名譽館長。主要撰有《すしの貌》（大巧社）、《すしの歴史を訪ねる》（岩波書店）、《すしの事典》（東京堂出版）、《だれもかたらなかったすしの世界》（旭屋出版）、《日本すし紀行 巻きずしと稲荷と助六と》（旭屋出版）等著作。

◎照片攝影協助（省略敬稱）

・片山信代
・川村仁
・川村聡子
・池畑瑞江
・国政勝子
・畠中大三郎
・田島和子
・藤田節子
・坂東正章
・古橋隆子
・都竹佐賀子
・岡田清一
・岡田幸子
・堅田多恵子
・平中浩世
・堀美奈子
・嶋村淑子
・磯貝ヒサヨ
・藤田けい子
・斉藤康子
・谷直子
・井戸久枝
・石川富美代
・杉山美和子
・魚鱗荘
・ハッスルかあちゃん工房
・民宿戸高

食材與製作方式

醋醃・涼拌・小缽料理

干貝佐和風黃芥末醋味噌醬

※彩圖見110頁

◆材料〈單人分〉

干貝（牛角江珧蛤）…1/2個
鹽巴…少許
土當歸（九眼獨活）…15g
醋…少許
吸地八方高湯…適量　珠蔥…2根
吸地八方高湯（日式清湯）…適量
利休麩[37]…2片　紅蒟蒻[38]…2片
和風黃芥末醋味噌醬（※1）…2小匙
土佐醋（※2）…2小匙
紫蘇芽…少許

※1　和風黃芥末醋味噌醬
玉味噌（參閱110頁）200g／醋130㎖／和風和風黃芥末醬（粉末狀加水調合）1大匙所有材料放入研磨缽中充分研磨。

※2　土佐醋
高湯300㎖／米醋300㎖／淡口醬油100㎖／味醂100㎖／花鰹柴魚片少許高湯與調味料放入鍋中煮至沸騰，加入花鰹柴魚片後關火。冷卻以後用布過濾。

◆作法

1 干貝撒上鹽巴，用直火大致炙烤。橫向對半分切，再切成5㎜的厚度。
2 土當歸去皮切成滾刀塊，放入醋水裡浸泡。汆燙過後瀝去水分，放到吸地八方高湯裡醃泡。
3 珠蔥去掉根鬚，自根部下鍋汆燙，用瀝網撈出放涼。打好結後，放入吸地八方高湯裡醃泡。
4 利休麩用熱湯燙除油分後切成薄片，放入吸地八方高湯裡滷煮。
5 紅蒟蒻切成寬長條狀，汆燙過後放入吸地八方高湯裡滷煮。
6 步驟1與瀝去水分的步驟2～5配色巧妙地盛入容器之中。淋上和風黃芥末醋味噌醬，從邊緣處倒入土佐醋。在最上方點綴上紫蘇芽。

海參佐香橙蘿蔔泥

※彩圖見111頁

◆材料〈單人分〉

海參…80g
吸地八方高湯…適量
山藥…20g
醋…少許
枸杞…2顆
山芹菜…1根
蘿蔔泥…30g
土佐醋（參閱前述作法）…1大匙
香橙（日本柚子）…少許

◆作法

1 海參切除兩端，用手擠出內臟。用水清洗乾淨再分切成5㎜的厚度。
2 擦乾水分後放入調理盆中，加入煮滾離火的吸地八方高湯並覆蓋上保鮮膜，靜置至冷卻讓海參變軟。
3 山藥切成1㎝丁狀，放入醋水裡浸泡。
4 枸杞放入土佐醋（分量外）泡發。
5 山芹菜的根莖汆燙過後切成末。
6 蘿蔔泥充分擠去水分，拌入土佐醋中，再加入香橙皮屑。
7 步驟2～4加入步驟6裡混拌均勻，盛放到容器之中。在最上方點綴上步驟5，撒上香橙皮末。

37　利休麩：經醬油、砂糖、高湯調味後油炸的麵麩。
38　紅蒟蒻：滋賀縣近江八幡的傳統食品。添加三氧化二鐵以達到赤紅色澤。

蛋黃醋拌小章魚

※彩圖見112頁

◆材料〈單人分〉

短爪章魚（飯蛸）…1/4隻
醋、醬油…各少許
日本對蝦…1/2隻
鹽巴…少許
水煮竹筍…20g
吸地八方高湯…適量
小黃瓜花[39]…1/3條
昆布…少許
酪梨…20g
蛋黃醋（※1）…20ml
防風[40]…1根

※1 蛋黃醋

土佐醋（參閱118頁）100ml／蛋黃4顆

土佐醋和蛋黃放入鍋中，一邊隔水加熱一邊攪拌至整體呈絲滑輕盈的狀態。待質地變得濃稠以後離火，放到冰水上面隔水降溫冷卻。

◆作法

1 取出短爪章魚的墨囊，切離章魚頭與章魚腳。切下章魚腳以後，每兩隻腳分切成一塊。僅在章魚腳上塗抹鹽巴。
2 熱水裡添加少許醋與醬油，將短爪章魚頭放入其中用小火燙煮約8分鐘。章魚腳稍後再放入其中燙煮，用瀝網撈起。
3 日本對蝦去掉腸泥，穿入花結串用鹽水燙煮。剝掉蝦殼並上下對半分切，使用上半段的部分。
4 燙煮好的竹筍切成丁，放入吸地八方高湯滷煮。
5 小黃瓜花處理好以後，劃上蛇腹切，放入加了昆布的鹽水裡醃泡。
6 酪梨去皮，對半分切後撒上薄鹽，蒸上2分鐘更顯色澤，再切成易於食用的大小。
7 步驟2～6盛入容器，淋上蛋黃醋，擺上防風裝飾。

和風黃芥末涼拌赤貝油菜花

※彩圖見113頁

◆材料〈單人分〉

油菜花…3根
鹽巴…少許
利休麩…1/8個
赤貝…1個
粗豆芽菜…20g
芝麻碎…少許

◎和風黃芥末涼拌醬汁

高湯80ml／淡口醬油15ml／鹽巴少許／味醂10ml／和風黃芥末醬（粉末狀加水調合）1/2小匙

和風黃芥末涼拌醬汁以外的材料放入鍋中煮滾，放涼以後加入和風黃芥末涼拌醬汁混合均勻。

◆作法

1 油菜花的葉與莖分切開來，鹽水汆燙後放入冷水裡降溫。擠去水分後切成三等分，用少量和風黃芥末涼拌醬汁醃泡。
2 利休麩用熱湯燙除油分，用吸地八方高湯滷煮。
3 赤貝去殼處理乾淨以後，用鹽巴揉搓後清洗乾淨。瀝去水分，拍打後切成細長條狀。
4 去掉粗豆芽菜根鬚，略作汆燙以後用瀝網撈起，撒上薄鹽。
5 和風黃芥末涼拌醬汁少量放入調理盆中，放入瀝去水分的步驟1～4混拌，過上一遍高湯。擠去水分再重新加入和風黃芥末涼拌醬汁混拌均勻。
6 盛放到容器之中，在最上方撒上芝麻碎。

酒盜漬甘鯛 佐蕪菁千枚漬

※彩圖見114頁

◆材料〈單人分〉

甘鯛（馬頭魚）…上身60g
蕪菁千枚漬…1片
山葵花…2根
砂糖…少許
吸地八方高湯…適量
秋葵…1根
鹽巴…少許
酢橘汁…少許

◎酒盜汁

酒3杯／酒盜300g

酒放入鍋中煮滾揮發掉酒精，放入酒盜煮上3～4分鐘。用布過濾後放涼。

◆作法

1 甘鯛切成上身、魚骨、下身三片。取上身放到酒盜汁裡浸泡15分鐘以後，風乾2小時。用烤箱雙面炙烤至魚皮微焦上色。
2 蕪菁千枚漬切成細絲狀。
3 山葵花用水清洗過後放到保鮮盒裡，倒入熱水並蓋上盒蓋靜置2分鐘。倒掉熱水，撒上砂糖輕輕抓醃，去除水分放回保鮮盒中，不接觸空氣的情況下靜置半天，除去辛辣味道。放入吸地八方高湯裡面醃泡，整齊切成4cm的段狀。
4 秋葵削去蒂頭外皮，撒上鹽巴搓洗掉表面絨毛後汆燙。立刻放入冷水裡降溫，瀝去水分，縱向切開取出種籽。加入少許吸地八方高湯用食物調理機加以攪拌。
5 步驟1剝成大塊盛放到容器之中，添放步驟2～3，在最上方點綴上步驟4，淋上酢橘汁。

39 小黃瓜花：花丸胡瓜。仍帶有小黃花，約3cm長的鮮嫩小黃瓜。
40 防風：繖形科多年生草本植物，為濱海野生沙地「濱防風」的栽種作物。

蛋香酥炸銀魚　佐蘋果醋

※彩圖見115頁

◆材料〈單人分〉

銀魚…5條
麵粉…少許
馬鈴薯澱粉…少許
蛋黃…1顆
油炸用油…適量
蠶豆…3顆
土當歸…20g
土佐醋…適量
蘋果醋（※1）…適量

※1　蘋果醋
蘋果1顆／土佐醋（參閱118頁）50㎖／米醋20㎖／檸檬汁15㎖
蘋果削皮以後蒸熟，擠壓過濾以後加入調味料混拌均勻。

◆作法

1 銀魚用鹽水快速清洗，充分擦乾水分，用毛刷塗上一層薄薄的麵粉。沾裹混入少許馬鈴薯澱粉的蛋黃，用170～175℃的新油酥炸。
2 蠶豆去皮清炸。
3 土當歸去皮，放入醋水裡浸泡。用加了少許醋的熱水汆燙，再放到土佐醋裡醃泡。
4 步驟1～3盛放到容器之中，淋上蘋果醋。

昆布漬水針魚

※彩圖見116頁

◆材料〈單人分〉

水針魚…1/4條
鹽巴…少許
昆布…適量
日本對蝦…1隻（30g）
水煮竹筍…20g
吸地八方高湯…適量
四季豆…2根
土當歸…20g
醋…少許
干貝（牛角江珧蛤）…20g
板狀水前寺海苔…5g
生薑醋（※1）…左記全部分量

※1　生薑醋
土佐醋（參閱118頁）30㎖／薑汁3㎖
生薑榨汁加入土佐醋裡。

◆作法

1 水針魚切成上身、魚骨、下身三片。用鹽水浸泡過後，剝去魚皮，用昆布包裹魚肉20分鐘醃漬入味。縱向切成細長條狀。
2 日本對蝦去掉腸泥，穿入花結串用鹽水燙煮。剝掉蝦殼再切成與水針魚相同大小。
3 水煮好的竹筍切成跟水針魚與日本對蝦同樣大小的長條狀，用吸地八方高湯大致滷煮。
4 四季豆也如步驟3一樣切成相同長度，用鹽水汆燙過後，放入吸地八方高湯裡醃泡。
5 土當歸切成同樣長度。放到醋水裡浸泡過後汆燙，放入吸地八方高湯裡略作滷煮。
6 干貝也切成相同長度，撒上薄鹽，用噴槍炙燒上色。
7 板狀水前寺海苔用水泡發，切成相同長度，放入吸地八方高湯裡略作滷煮。
8 步驟1～7配色巧妙地盛入容器之中，從邊緣處倒入生薑醋。

南蠻醋六線魚

※彩圖見117頁

◆材料〈單人分〉

大瀧六線魚…上身60g
葛粉…適量
紅甜椒…1/10個
黃甜椒…1/10個
洋蔥…1/6顆
沙拉油…適量
水果番茄[41]…1顆
鹽巴…少許
黑胡椒粉…少許
細葉香芹…1片

◎南蠻醋
高湯300㎖／醋50㎖／砂糖2大匙／淡口醬油30㎖／味醂30㎖／鹽巴1/2小匙／酒15㎖／鷹爪辣椒2根
材料全部放入鍋中，煮滾後放涼。

◆作法

1 大瀧六線魚切成上身、魚骨、下身三片。用剁刀在上身魚肉上面劃上刀痕，切成2㎝大小。
2 步驟1撒上葛粉，用170～175℃的熱油酥炸3分鐘，放到瀝油調理盤上靜置3～4分鐘。用180℃的油溫再次炸上1分鐘，將魚肉炸得酥脆。
3 紅、黃甜椒與洋蔥切成薄絲，放入加了沙拉油的平底鍋中大致翻炒。
4 將炸好的步驟2放入南蠻醋裡，接著加入步驟3醃泡2小時。
5 水果番茄去皮以後撒上鹽巴，放到120℃的烤箱裡烘烤20分鐘。
6 步驟4盛放到容器之中，點綴上步驟5，撒上少許黑胡椒粉，在最上方點綴上細葉香芹。

41　水果番茄：無特定品種，一般泛指糖度8以上的高甜度番茄。

竹筍鱈魚白子佐花椒芽味噌醬

※彩圖見118頁

◆材料〈單人分〉

鱈魚白子（魚膘）…50g
昆布高湯…適量
鹽巴…少許
水煮竹筍…30g
吸地八方高湯…適量
土當歸…20g
醋…少許
油菜花…1根
百合莖…2瓣
和風黃芥末醬高湯（參閱119頁）…適量
花椒芽味噌醬（參閱118頁）…25g

◆作法

1 鱈魚白子切成適當大小。用加了少許鹽巴的熱昆布高湯汆燙，再用瀝網撈出。放涼以後用烤箱雙面炙烤至微焦上色。
2 竹筍切成易於食用的大小，放到吸地八方高湯裡略作滷煮，再用瀝網撈出。
3 土當歸厚削去外皮並切成滾刀塊後，放入醋水裡浸泡，過上一遍清水再做汆燙。放到吸地八方高湯裡滷煮。
4 油菜花用鹽水汆燙過後，放入冷水裡降溫再擠去水分。用少量的和風黃芥末醬高湯過上一遍高湯後擠去水分，放到和風黃芥末醬高湯裡醃泡。
5 百合莖的鱗片切成花瓣形狀，用添加少許食用色素的熱水汆燙，過上一遍冷水降溫。
6 步驟1～4盛放到容器之中，淋上花椒芽味噌醬，撒上步驟5。

翡翠日本對蝦

※彩圖見119頁

◆材料〈單人分〉

日本對蝦…1隻（40g）
鹽巴…少許
蕪菁…20g
吸地八方高湯…適量
蒸鮑魚…20g
豌豆…30g

◆作法

1 日本對蝦穿入花結串用鹽水燙煮，放入冷水裡降溫。剝除蝦頭、蝦殼與蝦尾，將蝦身切成1㎝長。
2 蕪菁切成1㎝丁狀，放入吸地八方高湯裡燙煮，用瀝網撈出。
3 蒸鮑魚切成1㎝丁狀。
4 豌豆用鹽水汆燙過後，去掉薄皮再壓成泥過篩。加入少許鹽巴調味，和步驟1～3混拌到一起，盛入容器之中。

赤貝干貝佐八方醋凍

※彩圖見120頁

◆材料〈單人分〉

赤貝…1個
鹽巴…適量
干貝（牛角江珧蛤）…1/3個
迷你秋葵…2根
吸地八方高湯…適量
水果番茄…1/4顆
山藥…40g
八方醋凍（※1）…左記適量
穗紫蘇…2根

※1 八方醋凍
高湯80㎖／米醋10㎖／淡口醬油10㎖／味醂10㎖／吉利丁片2g
高湯與調味料放入鍋中煮滾，加入用冰水泡軟的吉利丁片充分溶解後放涼。

◆作法

1 從貝殼裡取出赤貝，用鹽巴揉搓處理好的貝肉與裙邊並沖洗乾淨。將貝肉擺到布巾上面劃上刀痕，甩打到砧板上面切成兩等分。裙邊切成易於食用的長度。
2 干貝處理好以後撒上薄鹽。用直火大略炙烤表面至上色，切成細長條狀。
3 迷你秋葵處理好以後，撒上鹽巴搓洗過後汆燙。瀝去水分，放入吸地八方高湯裡面醃泡。
4 水果番茄用熱水燙去外皮，撒上薄鹽並靜置1小時後分切。
5 山藥切成細絲狀（長約4～6㎝、寬約1～2㎜）。
6 步驟5鋪放到容器之中，在上方擺上步驟1～4。淋上八方醋果凍，點綴上穗紫蘇。

繁盛名店
特色壽司・人氣壽司
精緻祕技

採訪協力店鋪

（店家資訊因應營運情況可能有所更動，敬請理解。）

■鮨 いしばし

地址／大阪府茨木市小柳町9-18 カースル・安田1樓
電話／072-635-0333

■鮨 島本

地址／兵庫縣神戸市中央區下山手通3-7-9
電話／078-355-2322

■紋ずし

地址／東京都目黒區祐天寺2-14-19 フラット MON
電話／03-3712-6078

■御鮨処 田口

地址／神奈川縣川崎市川崎區南町3-2
電話／044-244-2110

■都寿司本店

地址／東京都中央區日本橋蛎殼町1-6-5
電話／03-3666-3851

■弘寿司

地址／宮城縣仙台市太白區越路16-10
電話／022-213-8255

■鮨 かの

地址／東京都江戸川區江戸川4-25-7
電話／03-3652-2704

■鮨 ふるかわ

地址／東京都港區西麻布2-9-14 K&T・T西麻布大樓1樓
電話／03-6418-1235

■つきじ鈴富 GINZA SIX店

地址／東京都中央區銀座6-10-1 GINZA SIX 13樓
電話／03-6263-9860

■鮨処 ともしげ

地址／宮城縣仙台市青葉區國分町2-7-5
KYパーク大樓1樓
電話／022-397-6449

■すし崇

地址／長野縣長野市縣町477-15
電話／026-235-5565

■代官山 鮨 たけうち

地址／東京都澀谷區猿樂町5-8 M1代官山1樓
電話／03-6455-0080

■キヨノ

地址／福岡縣福岡市中央區平尾2-14-21
電話／092-534-1100

■博多 たつみ寿司総本店

地址／福岡縣福岡市博多區下川端町8-5
電話／092-263-1661

■鮨処 有馬

地址／北海道札幌市中央區南3条西4 南3西4大樓4樓
電話／011-215-0998

■独楽寿司

地址／東京都八王子市旭町9-1 八王子オクレート9樓
電話／042-649-5573

■鮨 巳之七

地址／福岡縣福岡市中央區藥院2-18-13
スバルマンション藥院
電話／092-716-2520

■すし屋のさい藤

地址／北海道札幌市中央區6条西4
プラザ6・4大樓1樓
電話／011-513-2622

■鮨匠 岡部

地址／東京都港區白金台5-13-14
電話／03-5420-0141

■KINKA sushi bar izakaya 六本木

地址／東京都港區六本木7-6-20
ヘキサート六本木2樓
電話／03-6721-1469

■金澤玉寿司 せせらぎ通り店

地址／石川縣金澤市香林坊2-1-1
電話／076-254-1355

■十三すし場

地址／大阪府大阪市淀川區十三本町1-11-15
電話／06-6390-0639

■梅丘 寿司の美登利総本店

地址／東京都世田谷區梅丘1-20-7
電話／03-3429-0066

■寿司ろばた 八條

地址／大分縣大分市中央町2-5-24
電話／097-547-9166

■江戸前・創作 さかえ寿司

地址／千葉縣千葉市美濱區高洲1-16-25
電話／043-246-8126

■鮨 美菜月

地址／大阪府大阪市北區曾根崎新地1-5-7 森大樓1樓
電話／06-6342-1556

■鮨 かど

地址／愛知縣名古屋市中村區名駅4-15-22
六連鯛大樓1樓
電話／052-433-1801

■寿司割烹 山水

地址／埼玉縣埼玉市北區日進町2-788
電話／048-663-1833

■金澤玉寿司総本店

地址／石川縣金澤市片町2-21-18
電話／076-221-2644

■楽 SUSHIIZAKAYA GAKU HAWAII

地址／東京都世田谷區尾山台3-23-12R ベル
尾山台101
電話／03-6805-9340

■寿司バル R/Q

地址／東京都千代田區外神田6-11-11
神田小林大樓1樓
電話／03-5812-2270

■ひょうたん寿司

地址／福岡縣福岡市中央區天神2-10-20 2樓・3樓
電話／092-711-1951

■壽司 魚がし日本一 BLACK LABEL

地址／大阪府大阪市北區大深町4-20
GRAND FRONT OSAKA SHOP&RESTAURANTS南館B1
電話／06-6485-8928

■神埼 やぐら壽司

地址／佐賀縣神埼市神埼町鶴926-1
電話／0952-52-2249

■すし処 會

地址／東京都世田谷區等々力2-34-5 KAI大樓
電話／03-5706-3646

■鮨やまと ユーカリが丘店

地址／千葉縣佐倉市上座664-1
電話／043-461-7949

■お壽司と旬彩料理 たちばな

地址／宮城縣仙台市青葉區一番町3-3-25
たちばな大樓5樓
電話／022-223-3706

■あてまき喜重朗

地址／東京都立川市曙町1-30-15
電話／042-595-9885

■四季の舌鼓 おしどり

地址／北海道札幌市中央區南9条西4丁目3-15
アムスタワー中島 鴨々川沿いテナント北側
電話／011-551-2636

■奥の細道

地址／兵庫縣神戸市北區有馬町字大屋敷1683-2
電話／078-907-3555

■銀八鮨 堀川本店

地址／神奈川縣秦野市堀川30
電話／0463-89-3232

■美濃壽司

地址／岐阜縣土岐市泉町久尻43-8
電話／0572-54-6318

■力壽し

地址／和歌山縣紀の川市粉河10-6
電話／0736-73-6670

■仙石すし本店

地址／愛知縣名古屋市中村區太閤4-4-3
電話／050-5485-5767

■鮨 笹元

地址／千葉縣鴨川市横渚1063-1
電話／04-7093-1455

■松葉壽司

地址／兵庫縣尼崎市塚口町1-13-10
電話／06-6422-1234

■オーガニック 鮨大内

地址／東京都澀谷區澀谷2-8-4 佐野大樓1樓
電話／03-3407-3543

■鮨 銀座おのでら

地址／東京都中央區銀座5-14-14 サンリット
銀座大樓III B1F・2F
電話／03-6853-8878

■壽司英

地址／愛知縣名古屋港區港樂3-5-21
電話／052-661-2441

■赤玉壽司

地址／三重縣松阪市愛宕町1-65
電話／0598-21-1017

■日本料理・壽司 丸萬

地址／滋賀縣大津市大江3-21-9
電話／077-545-1427

■鮨屋台

地址／福岡縣遠賀郡岡垣大字原670-18
電話／093-282-1722

■鮨しま

地址／福岡縣福岡市中央區港2-10-3
　　　第2土肥大樓1樓
電話／092-753-6512

■壽司 和食 おかめ

地址／山梨縣南巨摩郡富士川町大椚町248-1
電話／0556-22-1746

■金壽司

地址／岐阜縣惠那市長島町久須見1085-9
電話／0573-25-7212

■シャリ ザ トーキョー スシバー

地址／東京都中央區銀座2-4-18
　　　アルポーレ銀座大樓8樓
電話／03-5524-8788

■伊勢鮨

地址／北海道小樽市稻穗3-15-3
電話／0134-23-1425

■がんこ 新宿 山野愛子邸

地址／東京都新宿區大久保1-1-6
電話／03-6457-3841

■銀座 鮨 おじま

地址／東京都中央區銀座6-6-19 新太爐大樓地下2樓
電話／03-6228-5957

■川越 幸すし

地址／埼玉縣川越市元町1-13-7
電話／049-224-0333

■おたる政壽司 銀座店

地址／東京都中央區銀座1-7-7 POLA銀座大樓10樓
電話／03-3562-7711

■いさば壽司／魚がし天ぷら

地址／埼玉縣埼玉市北區吉野町2-226-1
　　　大宮魚市場內部食堂街
電話／048-782-6929

■壽司割烹たつき

住所／福岡縣福岡市西區姪浜1-13-28
電話／092-881-1223

■鮨処 蛇の目

地址／東京都豐島區巢鴨1-26-6 蛇の目大樓1樓
電話／03-3941-3490

TITLE

繁盛名店 人氣壽司・特色壽司 精緻祕技

STAFF

出版 瑞昇文化事業股份有限公司
作者 すしの雑誌編集部
譯者 黃美玉

創辦人 / 董事長 駱東墻
CEO / 行銷 陳冠偉
總編輯 郭湘齡
文字編輯 張聿雯 徐承義
美術編輯 謝彥如
國際版權 駱念德 張聿雯

排版 二次方數位設計 翁慧玲
製版 明宏彩色照相製版有限公司
印刷 龍岡數位文化股份有限公司

法律顧問 立勤國際法律事務所 黃沛聲律師
戶名 瑞昇文化事業股份有限公司
劃撥帳號 19598343
地址 新北市中和區景平路464巷2弄1-4號
電話 / 傳真 (02)2945-3191 / (02)2945-3190
網址 www.rising-books.com.tw
Mail deepblue@rising-books.com.tw
港澳總經銷 泛華發行代理有限公司

初版日期 2024年9月
定價 NT$550／HK$172

ORIGINAL JAPANESE EDITION STAFF

編集スタッフ 森正吾 斎藤明子 土田治 平山大輔
亀高斉 中西沙織
デザイン （株）スタジオゲット
撮影 後藤弘行 曽我浩一郎（旭屋出版）
吉田和行 東谷幸一 ふるさとあやの

國家圖書館出版品預行編目資料

繁盛名店 人氣壽司.特色壽司 精緻祕技/すしの雜誌編集部作；黃美玉譯. -- 初版. -- 新北市：瑞昇文化事業股份有限公司, 2024.09
152面；20.7 x 28公分
ISBN 978-986-401-768-3(平裝)

1.CST: 食譜 2.CST: 烹飪 3.CST: 日本

427.131 113011472